本书受到国家自然科学基金项目"以科学为基础的创新生态系统协调演化及政策研究（项目编号 71974091）"、湖南省自然科学基金项目"排污税与绿色创新补贴最优组合政策研究（项目编号 2021JJ30584）"以及南华大学专著资助基金的支持

环境规制的绿色创新激励效应研究

易永锡 李玉琼 魏忠俊 杨敏 ◎ 著

U0244211

中国财经出版传媒集团

经济科学出版社
Economic Science Press

图书在版编目（CIP）数据

环境规制的绿色创新激励效应研究/易永锡等著
.—北京：经济科学出版社，2021.11
ISBN 978－7－5218－2514－5

Ⅰ.①环…　Ⅱ.①易…　Ⅲ.①环境经济-环境政策-
研究　Ⅳ.①X196

中国版本图书馆 CIP 数据核字（2021）第 077111 号

责任编辑：王柳松
责任校对：靳玉环
责任印制：王世伟

环境规制的绿色创新激励效应研究

易永锡　李玉琼　魏忠俊　杨　敏　著
经济科学出版社出版、发行　新华书店经销
社址：北京市海淀区阜成路甲 28 号　邮编：100142
总编部电话：010-88191217　发行部电话：010-88191522
网址：www. esp. com. cn
电子邮箱：esp@ esp. com. cn
天猫网店：经济科学出版社旗舰店
网址：http: //jjkxcbs. tmall. com
北京季蜂印刷有限公司印装
710 × 1000　16 开　12.5 印张　180 000 字数
2021 年 11 月第 1 版　2021 年 11 月第 1 次印刷
ISBN 978－7－5218－2514－5　定价：52.00 元
（图书出现印装问题，本社负责调换。电话：010-88191502）
（版权所有　翻印必究　举报电话：010-88191586
电子邮箱：dbts@ esp. com. cn）

目　录

第1章　绪论

工业化使得物质产品的生产效率显著提高，给人类社会带来了空前繁荣。正当人们尽情地享受越来越丰富的物质产品、越来越舒适的居家设施、越来越便捷的生活方式，并憧憬未来无限美好的时候，环境污染的侵袭却悄然而至。曾经碧绿的江水竟发出一阵阵恶臭，蔚蓝的天空被灰霾笼罩，人们不禁发出这样的疑问：工业化要不要继续？是不是原始的自然状态更令人向往？

回到原始的自然状态显然不现实。痛定思痛，我们深刻地认识到，传统的发展方式已经不能继续，绿色转型已迫在眉睫。在政府号召下，"绿水青山就是金山银山"的理念逐步深入人心，一场场富有成效的蓝天保卫战、水资源保卫战在祖国大地上展开。希望的曙光在人们心中又悄然重现。

不容置疑，中国的环境治理已经初具成效。但是，作为环境经济问题的观察者、研究者，此时的心情并没有丝毫松懈。为了不使灰霾渐退的天空重被笼罩，为了不使正在净化的江水重现恶臭，我们冷静地思考：为什么厂商会不顾环境的恶化而排放污染？什么政策可以促使厂商在环境容量允许的范围内继续为大众提供丰富的、价廉物美的产品？这些如此紧迫而重要的问题，促使我们开始研究工作。

1.1　研究背景及研究意义

1.1.1　研究背景

1. 资源环境问题日益严峻

自工业革命以来，人类先后进入了"蒸汽时代""电气时代""信息时代"以及如今的"智能时代"。工业革命给人类带来了生产方式的重大转变，深刻改变了人类传统的资源开采、利用方式，提高了对自然资源的开发和利用，极大地促进了各国工业的迅速发展。因此，给当时的德国、美国和日本等国家带来了前所未有的繁荣的工业经济。但随后，也沉痛地遭受了工业经济"高能耗、高投入、高污染"的发展模式带来的资源短缺压力和生存环境过度破坏等资源环境问题。在工业革命早期，欧美日等国家和地区建立了基于煤炭、化工和冶金等行业的工业体系，加速了对煤炭、石油和天然气等不可再生能源的开发和使用，导致能源资源存量迅速减少，此外，还带来了严重的生态环境污染问题。如震惊世界的英国伦敦烟雾事件、美国洛杉矶光化学污染事件和20世纪80年代莱茵河污染事件等。

改革开放40多年来，中国经济建设取得了举世瞩目的成果，2010年，中国GDP首次超过日本成为世界第二大经济体。长期以来，中国第二产业①对GDP的贡献率高于50%，由此可知，中国在较长一段时期内的经济增长是依托第二产业的发展而驱动的。同时，"三高一低"②的粗放型经济增长方式对中国能源、资源产生了重大需求，在没有新能源、新技术支持的情况下，能源、资源短缺压力将变得尤为严峻；此外，环境污染也严重威胁着人们正常的生产、生活，甚至危及宝贵的生命。

2. 环境规制能有效地缓解资源环境压力

环境规制是政府为了实现环境绩效目标，而对企业环境损害行为加以制度性约束。从20世纪60年代开始，大多数发达国家就通过制定环境保护政策来防治环境污染的负外部性。传统环境规制主要是政府通过强制力来阻止企业破坏环境的行为。如颁布实施相关的环境法律法规，规定企业排污标准和采取排污许可证制度等；后来，政府通过市场力量来调节企业生产行为进而实现环境防护与环境治理。如政府对企业的排污征税、对企业的污染削减投资进行补贴，以及实施奖罚并举等。事实表明，无论是政府命令还是市场引导，两者都对排污企业的生产行为产

---

① 第二产业是包括各类专业工人和各类工业或产品的产业。在传统产业经济理论中，第二产业是指，对第一产业和本产业提供的产品（原料）进行加工的产业部门。

② "三高一低"是指，"高投入、高消耗、高污染、低效益"的经济增长方式。

生了积极的环境友好的改善作用。环境规制工具的使用，使得生态环境得到了较为明显的改善，能有效地缓解资源环境承载压力。

3. 创新、绿色是实现低碳、可持续发展的重要驱动力

创新和绿色是中国五大发展理念中重要的两大理念。其中，创新是社会经济发展的原始驱动力，绿色是经济发展的方向和结果。在经济社会中，微观企业不仅是生产主体、污染主体，同时也是创新主体。当实施包括绿色技术、绿色文化和绿色组织的绿色创新时，企业就能很好地平衡经济发展和环境保护两者的矛盾。企业通过对绿色生产工艺的开发和利用、绿色文化的形成和绿色组织的构建，摒弃高碳经济发展模式，生产替代传统产品的绿色产品，从而实现经济社会的可持续发展。因此，绿色创新是有效化解经济社会发展和生态环境恶化之间矛盾的关键因素，进而实现经济—社会—环境三者共赢的可持续发展目标。

综上所述，绿色创新是实现经济社会可持续发展的重要驱动力。但绿色创新双重外部性的特点，使得排污企业的绿色创新积极性不高，绿色创新成果转化率较低，企业仍然是被动应对经济—环境问题。因此，本书在资源短缺和环境污染日益严峻的背景下，研究政府通过环境规制政策激励排污企业绿色创新的机制问题，具有重大的理论意义和现实意义。

1.1.2　研究意义

1. 理论意义

第一，为理论分析模型的建立做出了一定学术贡献。本书充分考虑了企业在绿色创新投资过程中的"干中学"效应。"干中学"效应是一种普遍存在的现象，即当人在重复同一练习过程中会自然形成一定的技能经验从而增强练习的熟练度。同时考察了企业在绿色投资中获得的效率提升和成本降低的"干中学"效应。

第二，为政府和排污企业提供了在绿色创新中的最优均衡策略获取方法。在已有理论研究中，常采用静态博弈分析等方法研究绿色创新过程中政府和企业的策略选择问题，但存在不足。本书采用微分博弈法和动态最优理论研究政府和排污企业在动态情形下的最优均衡策略结果，

丰富了该研究领域的理论研究分析方法。

第三，丰富了政府环境规制领域和企业绿色创新领域的研究成果。在一定现实背景下，建立抽象的理论模型，通过动态、科学的研究方法获得政府和排污企业在绿色创新过程中的最优策略结果，同时，对结果进行深入分析。因此，本书对该领域现有研究成果做出了有益补充，从而丰富了相关理论研究成果。

2. 现实意义

第一，为政府在环境规制政策选择方面提供了决策依据。本书从不同环境规制政策出发，探索每种政策下的最优均衡结果及其动态变化关系。此外，还比较、分析了不同政策带来的创新激励效果和社会福利水平差异。因此，本书的研究能为政府在环境规制政策制定方面提供一定指导和帮助。

第二，为一定环境规制政策下的政府和排污企业的最优策略选择提供有益参考。在一定环境规制政策下，本书得出政府和排污企业关于绿色创新的相关最优均衡策略，呈现了最优策略的动态变化，最后，给出了具有一定管理见解的研究结论。因此，本书的研究可以为相应政策下的政府和排污企业提供最优策略选择。

1.2 相关概念界定

1.2.1 绿色创新的内涵及本质

欧内斯特·布劳恩（Ernest Braun，1994）首次提出了绿色技术的概念，并认为绿色技术涉及提高环境质量、降低能源、资源消耗的技术、工艺或产品。弗斯勒和詹姆斯（Fussler and James，1996）提出绿色创新概念，认为绿色创新既能给环境带来有利的影响，又能为排污企业带来商业价值的创新。李旭（2015）指出，由于绿色发展和环境问题的公共性及其影响的普遍性，学者们学科背景和研究视角的差异性，使得给出的绿色创新定义也是不同的。绿色创新也常被称为可持续创新、生态创新或环境创新等。尽管研究的立足点和定义表述不尽相同，但是其中的核心要义是基本一致的。可持续创新始于世界环境与发展委员会在 1987 年提出的可持续发展理念，强调环境资源的保护和发展的可持续性。贾菲和帕默（Jaffe and Palmer，1997）认为，环境创新和生态创新基本一致，区别在于生态创新在范围上比环境创新更广。

张静等（2015）梳理了关于绿色创新内涵相关中外文献，得出绿色创新的内涵有狭义和广义之分。基于企业层面的狭义理解，绿色创新是指，单一企业的行为创新和多企业的协同创新，特别地，创新范围得到了进一步扩大，即从工艺、产品和服务的技术创新逐步扩大到组织、管理和营销的非技术创新；基于宏观经济体系的广义理解认为，绿色创新的实施者除了企业之外，还应有政府、非政府组织（NGO）以及家庭和个人等相关参与者。因此，绿色创新的内容，更是扩大到了思想文化和社会经济制度领域。刘薇（2012）通过查阅绿色创新的相关中外文文献，认为绿色创新应包括绿色技术、绿色制度与绿色文化三个维度的创新，其中，绿色技术创新是绿色创新的核心组成部分。这与张静等（2015）的研究结果保持一致。综上可知，绿色创新内涵具有多维度、多主体的复杂性特点。

目前，学术界关于绿色创新较为流行的定义，是由肯普（Kemp，2002）提出的，即"包括因避免或减少环境损害而产生的新的或改良的工艺、技术、系统和产品。"该定义在涵盖了工艺、技术和产品的创新之外，还强调了组织和管理的系统性创新。和传统创新比较，绿色创新活动具有技术溢出和环境改善的双重外部性，环境效益、经济效益和社会效益的三重效益目标，以及内容和过程多样、复杂的基本特点。

1.2.2　环境规制的内涵及分类

绿色创新的双重外部性导致促进企业进行绿色创新的市场力量是无效的，市场的作用是失灵的。这时，需要公共管理者即政府作为"看得见的手"引导企业绿色创新。环境规制作为首要的、强有力的外部驱动力，对于激励企业绿色创新尤为重要。随着对环境规制的深入研究，其内涵越加深刻，分类更为全面。

规制是指，规制者依据一定的规则对被规制者的活动进行限制的行为。关于环境规制的内涵，学者们并没有产生明显分歧，普遍认为环境规制是政府以环境保护为目的、个体或组织为对象、有形制度或无形意识为存在形式的一种约束性力量。关于环境规制的分类是丰富的、较全面的。政府最开始是采用具有强制约束性的命令—控制型环境规制，如环境法律法规、污染排放标准和排放禁令等；随后发现，基于经济手段也能有力地规制企业绿色化生产，如环境税费、环境补贴和排污许可交易等；再后来，相关主体提出企业可以自主参与一些基于环境保护的计划或协议，这就是自愿型环境规制。如绿色认证、绿色审计和绿色协议等。随着人们环境保护意识的增强，又出现了作为补充的环境规制，即隐性环境规制。环境规制又可以分为政府和环保部门的正式环境规制，和公众及非政府组织的非正式环境规制。其中，正式环境规制又可分为命令—控制型环境规制和市场激励型环境规制。环境规制也可以有显性规制和隐性规制之分。显性环境规制分为命令—控制型环境规制、市场激励型环境规制和自愿型环境规制；隐性环境规制分为环保意识、环保态度、环保思想和环保观念。

综上所述，环境规制工具的分类，可归纳总结为如表 1 – 1 所示。

表 1 – 1　　　　　　　　　环境规制工具分类

环境规制工具	正式环境规制工具	命令—控制型环境规制	环境法律法规、污染排放标准和排放禁令等	显性环境规制
		市场激励型环境规制	环境税费、环境补贴和排污许可证交易等	
	非正式环境规制工具	自愿型环境规制	绿色认证、绿色审计和绿色协议等	隐性环境规制
		环保意识、环保态度、环保思想和环保观念	环保意识、环保态度、环保思想和环保观念	

资料来源：笔者根据李青原，肖泽华. 异质性环境规制工具与企业绿色创新激励——来自上市企业绿色专利的证据 [J]. 经济研究，2020，636（9）：194 – 210. 刘津汝，曾先峰，曾倩. 环境规制与政府创新补贴对企业绿色产品创新的影响 [J]. 经济与管理研究，2019，40（6）：106 – 118 的整理而得。

1.3　中外文文献研究现状综述

1.3.1　绿色创新驱动力研究

当前，环境恶化、资源匮乏的压力日益增大，绿色创新驱动是相当有必要的。政府作为社会管理者，始终致力于设计更加完善、严厉的环境规制来规制企业绿色化发展；消费者是产品和服务的最终享受者，产品，服务的非绿色化会造成效用降低，因此，绿色环保意识得到极大增强；企业是产品和服务的生产者和提供者，正越来越受到环境因素制约，传统企业在国内外市场中竞争优势日益减退。对此，企业应将环境因素纳入企业战略规划，使企业获得强有力的市场竞争力。与此同时，企业实施绿色创新的阻力也很明显。绿色创新具有环境改善和技术溢出的双重外部性，这使得企业不会主动考虑绿色创新；即使企业想进行绿色创新，但需要可观的资本，投资普遍存在的高成本和高风险等特点都可能会使企业心有余悸，对绿色创新实践敬而远之。因此，学者们对企业绿色创新驱动力研究表现出了极大兴趣，同时，对该研究领域也做出了许多重大贡献。

已有文献从不同理论视角、不同研究层面出发，研究了驱动企业绿色创新的内外部力量。这些理论视角主要包括制度理论、利益相关者理论、自然资源基础理论、高阶理论以及计划行为理论等。

（1）企业绿色创新的外部驱动力。

企业绿色创新的外部驱动力主要来自制度层面和环境层面，主要包括环境规制和利益相关者压力等，涉及的理论主要有制度理论和利益相关者理论。

制度理论的核心是制度能影响和制约组织的行为。这表明，企业能迫于规制压力自愿或不自愿地实施企业绿色创新。规制压力来源于政府行政指令、强制要求以及相关法律、法规等。利益相关者理论的基本逻辑是，利益相关者相互影响，即在组织行为对利益相关者造成影响的同时，其他利益相关者也会对组织行为作出一定回应。因此，企业绿色创新能够通过其外部性影响利益相关者。企业绿色创新的利益相关者包括政府、企业、消费者和非营利组织，等等。

关于环境规制压力的影响。伦宁斯（Rennings，1998）认为，由于绿色创新具有双重外部性特点，企业缺乏明确的经济激励去主动实施绿色创新。在这种情况下，政府制定相关的环境规制就非常必要，能通过强迫和诱使两种方式影响企业所有者对自然环境的态度。波特等（Porter et al.，1991）提出了著名的波特假说，认为设计恰当的环境规制通过刺激绿色创新可对本国企业的国际市场地位产生正面影响。霍尔巴赫（Horbach，2008）以德国制造企业的面板数据，证明了环境规制对企业绿色创新的驱动效应。杰伯等（Jabbour et al.，2014）实证研究发现，环境技术的采纳对环境管理的成熟度具有显著的正向影响。曹霞和张路蓬（2017）运用演化博弈模型发现，政府公众环保宣传、创新激励，以及污染税费征收对企业绿色技术创新均有促进作用。李广培等（2018）实证得出，命令—控制型环境规制和激励型环境规制对研发投入有显著的正向影响。刘津汝等（2019）研究发现，环境规制在适度区间内对企业绿色产品创新产生显著的正向促进效应。

关于利益相关者压力的影响。唐纳森（Donaldson，1995）根据利益相关者理论，企业的发展前景取决于管理层对各种利益相关者不断变化的期望的满足程度，即依赖于企业管理层对利益相关者的各种利益要求作出回应的效果。德尔加多—塞瓦约斯等（Delgado‐Ceballos et al.，2012）研究得出，利益相关者会通过多重渠道影响企业的环保行为，包括政府制定环境规制、非政府组织发布环保报告和鼓励抵制非环保行为、顾客和供应商对企业施加压力，以及公众媒体对组织活动的监督等。卡瓦等（Kawai et al.，2018）认为，跨国公司的子公司需要满足市场利益相关者的压力在东道国实现社会合法性，这些压力是绿色创新计划的重要机制。张钢和张小军（2014）应用扎根理论研究发现，利益相关者压力对绿色创新战略存在显著影响。伊晟和薛求知（2016）发现，企业与消费者的协作对企业的绿色产品创新和绿色流程创新具有显著的正向影响作用。曹洪军和陈泽文（2017）的实证研究，也支持企业外部环境是企业绿色创新动力的重要因素的观点。赵爱武等（2018）通过对企业环境创新行为演化模拟与分析，发现在较高的绿色需求水平下，环境创新企业能够通过先动优势实现环境绩效与经济绩效的双赢。

（2）企业绿色创新内部驱动力。

企业绿色创新的内部驱动力主要来自组织层面和个体层面。组织层面主要包括组织的战略动机、资源与能力和组织特征等。个体层面主要包括高管的环境意识、承诺与支持和行为意向等，涉及的相关理论主要有自然资源基础理论、高阶理论和计划行为理论等。

自然资源基础理论的核心是，企业促进环境可持续发展的资源和能力是其在未来保持战略优势和竞争优势的基础。企业内部的组织要素是企业的绿色资源，是企业进行绿色技术创新，从而构建持续竞争优势的基础。高阶理论认为，企业高管固有的价值观、独特的经历和个性等属性可能会影响他们对环境的认知和解读，继而影响其企业规划决策和战略部署。计划行为理论认为，企业高管的环保态度、主观规范和行为控制感，会影响企业绿色创新的导向和行动。

关于组织层面的影响。企业可能会出于一定的战略动机，如加强市场竞争力、降低生产成本、提高企业声誉和国际化等而进行绿色创新。霍尔巴赫等（Horbach et al.，2008）实证发现，加强市场竞争力对生态产品创新具有显著的正向影响。霍尔巴赫（Horbach，2012）发现，降低成本的动机对企业采用生态产品和工艺创新产生显著的正向影响。企业还可能因为具备充足的资源和能力（如员工素质高、设备优质、学习能力好和创新能力强等）而具备竞争优势。另外，王和林（Wang and Lin，2011）表明，企业员工素质对绿色创新产生显著的正向影响，还有可能是组织的基本特征适合绿色创新，其中包括组织的规模、行业和年龄等。规模企业拥有更多的资源和更高的知名度，因此，将面临较大的规制和利益相关者压力，绿色创新就更可能发生（Pereira and Vence，2012；Chiuand Sharfman，2009）。企业存续的时间越长，将有助于该企业积累更多知识和经验，为企业绿色创新储备更多、更重要的知识（Pereira and Vence，2012）。此外，企业所属行业差异，也会对企业实施绿色技术创新的机会产生不同影响。如高污染行业的企业势必承受比轻污染行业的企业更大的规制和利益相关者的双重压力，从而迫使企业不得不以减少污染排放、保护环境为目标进行绿色创新。

关于个体层面的影响。在个体层面，主要针对企业高管，企业高管的环保意识、行为意向以及保证和支持等，都能成为企业绿色创新的内部驱动力。高管绿色环保意识越强，企业越有可能进行绿色创新。雷默斯和斯蒂格（Ramus and Steger，2000）认为，高管承诺与支持有利于激发员工生态创新的创造力和调动员工生态创新的积极性，进而有助于提升企业的生态创新水平。加登等（Gadenne et al.，2009）指出，企业高管的环境保护态度对企业的生态环境管理具有显著正向的影响。常（Chang，2011）认为，高管环保意识越强，企业就越可能采用具有前瞻性的环保战略，进而越可能开展企业绿色创新。

综上所述，企业绿色创新内外驱动力可以归纳总结，见表 1 - 2。

表 1 - 2   企业绿色创新内外驱动力

驱动力来源	理论视角	研究层面	主要驱动力
外部驱动	制度理论	制度	命令—控制型环境规制： 排污标准、市场准入等； 经济激励型环境规制： 排污权交易、排污税和减排补贴等
	利益相关者理论	环境	利益相关者压力： 消费者、NGO 等环境监督、污染举报、 环境报告等
内部驱动	自然资源基础理论	组织	战略动机：降低生产成本、提高企业声誉、增强市场竞争力和国际化等 资源与能力：员工素质高、设备优质、学习能力好和创新能力强等 组织的基本特征：规模、行业、年龄等
	高管理论	个体	高管环保意识、保证和支持
	计划行为理论		高管行为意向（态度、主观规范、行为控制感）

（绿色创新驱动力 — 左侧纵向合并单元格）

资料来源：笔者根据庄芹芹，吴滨，洪群联.《市场导向的绿色技术创新体系：理论内涵、实践探索与推进策略》，2020（11）：29 - 38. 康鹏辉，茹少峰. 环境规制的绿色创新双边效应［J］. 中国人口·资源与环境，2020，30（10）：93 - 104 的相关内容研究整理。

1.3.2 绿色创新激励政策研究

绿色创新激励政策研究，主要集中于不同环境规制政策的比较与设计。蒂坦伯格（Tietenberg，1974）证明了市场型环境规制政策对企业减排努力的激励作用要远大于单纯的命令—控制型环境规制政策的作用。米丽根和普林斯（Milliman and Prince，1989）研究认为，环境规制政策的激励效果从高到低排序为，排污权拍卖、税收和补贴政策、排污权免费分配、污染物排放标准。荣格等（Jung et al.，1996）研究发现，从环境政策对环境技术创新激励的效果来看，拍卖配额、污染税、补贴、分配配额、环境标准的激励效果依次递减。蒙特罗（Montero，2002）对排放标准、行为标准、交易许可证、拍卖许可证四种环境政策工具对企业环境的研发激励进行了比较，发现在寡头许可和卖方市场中，标准型政策工具比许可型政策工具激励效果大；而在完全竞争市场中，许可型政策工具与标准型政策工具的激励效果相当，但比行为标准政策类工具的激励效果大。威格勒（Veugelers，2012）利用欧洲绿色创新调查数据研究发现，政府补贴政策必须结合碳税政策才能积极促进企业进行绿色创新活动。森（Sen，2015）通过实证分析和一般模型分析得出，环境税能促使企业增加绿色创新研发，减少污染物排放。

相关中文文献研究起步较晚。杨发明（1998）认为，对企业绿色创新的激励，需要各层次激励工具的组合与协同。宁森等（2008）发现，绿色创新投资补贴比单纯的生态化产品价格补贴有更好的激励效果。聂爱云和何小钢（2012）发现，市场导向型环境规制提供给企业更多创新空间，比命令—控制型环境规制诱发更多绿色创新。不同类型的环境规制政策在灵活性、稳定性以及严格程度上表现不同，将影响政策对绿色创新诱发的概率。何欢浪（2015）认为，相比于政府补助，环境税更能激发本国企业节能减排。王锋正等（2018）强调政府的工作质量和合理的环境政策对企业绿色创新的重要性。孔繁彬等（2019）建立双寡头博弈模型，同时，对环境规制、环境研发与绿色技术创新进行关联分析，得出环境税和环境补贴的规制政策组合能够有效地增进社会福利。

1.3.3　环境规制与绿色创新的影响研究

关于环境规制对绿色创新的影响研究，外文文献主要集中于环境规制与技术创新两者的关系上。1991 年，迈克尔·波特提出"波特假说"，阐述了适当的环境规制能激发技术革新，可能使企业在市场中处于竞争优势。关于环境规制和技术创新两者的关系，当前，中外文文献研究观点主要为以下四种。

（1）环境规制对企业的技术创新具有正向促进作用。芮克特（Requate，2005）认为，环境规制强度越大，企业会表现出越积极的创新动力，能更好地接受环境规制的相关政策。霍尔巴赫（Horbach，2008）利用德国就业研究所（IAB）两个小组数据库，探讨环境创新的决定因素。作者的研究表明，环境规制因为能够激发创新补偿效应，而对企业绿色技术创新产生激励作用。林等（Lin et al.，2014）通过对中国 791 家民营制造企业的调查，研究了企业政治资本和利益相关者压力对企业绿色创新的影响。结果表明，环境规制能积极推动产品和流程的绿色创新。张倩（2015）利用中国省级层面的面板数据实证分析得出，命令—控制型环境政策与市场激励型环境规制对企业绿色技术创新产生显著的激励作用。张平等（2016）利用中国部分省区市十年的面板数据，实证研究了费用型环境规制与投资型环境规制对企业绿色创新的影响。研究结果表明，投资型环境规制对企业绿色技术创新产生了激励效应。李玲（2017）以问卷调查为基础，利用探索性因素分析和结构方程建模分析污染密集型企业绿色技术创新的环境激励因素。研究表明，环境规制尤其是市场激励型环境规制，能激励企业绿色技术创新。李广培、李艳歌和全佳敏（2018）考虑到多变量的共同作用，构建形成企业绿色创新能力的结构模型，通过对 115 家企业的问卷调查和实证分析，结果显示，命令—控制型环境规制、市场激励型环境规制对 R&D 投入有显著的正向影响。

（2）环境规制对企业的技术创新产生抑制作用。罗兹等（Rhoades, 1985）提出，具有约束性和强制力的环境规制迫使企业改变以往的工艺流程和技术流程，在一定程度上阻碍了企业绿色技术创新，进而使得企业的市场竞争力不升反降。格雷（Gray, 1987）认为，规制的实施必然会提升企业总成本，成本的增加对企业技术创新活动产生不利的影响。贾菲（Jaffe, 1995）以实证研究的方法得出，成本的提高使得企业使用专有技术，这种转变将会对企业创新造成负面影响。钦特拉克尔（Chintrakarn, 2008）通过研究美国制造业发现，环境规制对美国制造业部门的绿色创新没有显著影响。解垩（2008）利用数据包络分析（DEA）方法和构建面板模型，实证检验环境规制对技术效率、生产率和技术进步的影响。研究得出，污染治理投资对技术进步的推动作用并不显著，对技术效率产生负向影响。赵（Zhao, 2015）认为，环境规制政策增加了企业的污染治理成本，对企业研发投入产生挤出效应，且提升环境质量会对销售形成约束效应，进而阻碍了企业的绿色技术创新。谢荣辉（2017）利用省级面板数据，运用两阶段模型分别检验环境规制对环保技术创新和非环保技术创新、引致创新对绿色生产率提升的影响。研究得出，在短期内，环境规制对绿色生产率有负的直接影响。

（3）环境规制与企业技术创新两者呈现"U"形关系。李玲、陶锋（2012）对不同污染度行业的环境规制作用进行分析，发现其对绿色技术创新的作用呈现倒"U"形关系。蒋伏心等（2013）对不同制造业的环境规制研究发现，环境规制与企业技术创新之间的关系呈"U"形。臧传琴等（2015）对不同地区的环境规制作用进行分析，发现其对绿色技术创新的作用呈现倒"U"形关系。张娟等（2019）证实了微观分析中环境规制对绿色技术创新产出的影响呈现"U"形关系的结论，且滞后一期的影响显著。张峰等（2019）认为，正式环境规制与非正式环境规制对先进制造业绿色技术创新效率均存在单门槛值，但分别呈"U"形关系与倒"U"形关系，而资本密集度、行业利润率等对先进制造业绿色技术创新效率均呈著正向推进作用。

（4）环境规制与企业技术创新两者关系呈现不确定性。贝克（Baker，2006）认为，技术研发动力和用于污染物减排的资本投入量之间并非单向促进关系或单向抑制关系，而呈现非单调变动关系。达纳尔（Darnall，2008）认为，环境规制方式不同对企业创新会产生不同的作用，还有除环境规制以外的其他因素能够促进企业技术创新。布雷切特（Brechet，2012）通过研究得出的结论，也支持环境规制与绿色技术创新之间是一种非单向影响的关系。联合国欧洲经济委员会（UN-ECE）对欧洲 2500 余家企业进行问卷调查和走访，结论表明，环境规制对技术创新的作用是双重效应，即既有促进作用又有抑制作用。李婉红（2015）得到相似的地区异质性结论，即发达地区支持波特假说，不发达地区或欠发达地区不支持波特假说。李璇（2017）认为，环境规制对绿色技术创新的作用会因为时期不同而有差异，且两种效应的发挥与企业创新能力的禀赋条件密切相关。刘津汝等（2019）研究发现，环境规制和政府创新补贴对企业绿色产品创新存在非线性影响。

综上所述，中外文文献在绿色创新驱动力、绿色创新激励政策，以及环境规制与绿色创新的关系等方面均开展了较为充分的研究，同时，也得出了较为丰富的研究成果。特别地，激励企业绿色创新的政策研究是本书最为关注的。国外较早运用微分博弈理论研究了环境规制政策对企业绿色创新或减排研发等方面的激励效果。然而，中文文献关于微分博弈理论在环境规制政策对企业环境技术创新中的研究较少，主要是借助实证研究方法来研究环境规制对企业绿色创新的激励效果。此外，企业在绿色投资中获得的效率提升和成本降低的"干中学"效应，在现有研究中尚未得到重视。因此，本书在相关研究基础上，充分考虑企业绿色投资中的"干中学"效应，运用微分博弈理论研究环境规制激励企业绿色创新的机制，这将极大地完善和丰富相关研究结果。

1.4 研究内容、研究思路及研究方法

1.4.1 研究内容

第1章，绪论。主要介绍研究的选题背景、研究的问题、中外文文献研究综述、研究意义、研究方法、研究思路、主要内容及结构安排等内容。

第2章，相关理论基础。即与本书研究相关的理论和方法的机理分析，包括外部性理论、"干中学"理论和微分博弈理论等相关理论。对研究涉及的相关理论作出了重要阐述，便于更好地理解将要研究的内容。

第3章，中国环境规制政策的时空演变。本章介绍中国环境规制从无到有，逐步演变的过程。为中国环境规制的进一步完善，提供历史依据和基础。

第4章，排污税和创新补贴对垄断企业绿色创新的激励研究。本章考虑了垄断企业在绿色创新投资过程中的"干中学"效应，分别在"排污税"政策、"创新补贴"政策和"排污税和创新补贴"组合政策下建立了关于规制者与垄断企业的微分博弈模型。随即采用微分博弈法、数值分析法和比较分析法，分别研究了规制者和垄断企业在每一规制政策下的最优均衡策略及政策效果。

第5章，排污权交易对企业绿色创新的激励研究。本章先建立排污企业与政府关于污染削减与排污权交易的斯塔克伯格（Stackelberg）动态微分博弈模型；随后利用微分博弈分析法，研究了排污企业的最优绿色创新投资策略及相应的污染削减策略，并以此为基础分析了政府通过

排污权价格调控，引导排污企业进行污染削减以取得最大社会福利的政策机制设计问题。最后，采用数值分析考察了排污权交易的政策效果并提出了相关的政策建议。

第 6 章，利润税和排污税对寡头企业绿色创新的激励研究。本章将寡头企业在生产投资和绿色创新投资中获得的"干中学"效应同时纳入规制者与寡头企业的微分博弈模型中。利用微分博弈法、数值分析法和比较分析法分别研究在"利润税"政策、"排污税"政策和"利润税和排污税"组合政策下，规制者与寡头企业的最优均衡结果以及政策比较。

第 7 章，环境规制对中国制造业绿色发展的影响研究。本章构造扩展的克雷朋 – 杜盖 – 迈瑞斯模型（Crepon – Duguet – Mairesse，CDM），利用 2003 ~ 2014 年中国制造业面板数据，实证研究环境规制对产业创新和绿色发展的影响。

第 8 章，环境规制政策对产业结构升级的影响分析。本章构建面板模型，利用 2007 ~ 2016 年中国部分省区市的面板数据，实证检验环境规制政策对产业结构升级的经济有效性。

第 9 章，加强环境规制建设促进经济绿色转型的政策建议。本章综合归纳研究取得的成果，考虑中国环境规制的时空演变历史以及各种约束条件，提出促进经济、社会、生态可持续发展的环境规制建设的政策建议。

第 10 章，总结与展望。本章将对已有研究做出较为系统、全面的研究总结，并在此基础上，对本书的研究做出展望。

1.4.2　研究思路

本书在资源环境问题日益严峻的形势下，在企业绿色创新仍旧乏力的紧迫关头，研究环境规制对企业绿色创新的激励机制问题。第一，在较为全面地梳理相关中外文文献研究现状的基础上，对本书涉及的相关理论基础予以充分阐述。第二，在有关研究的基础上，建立不同的环境规制政策对不同市场结构下企业的绿色创新激励的动态微分博弈模型。第三，通过微分博弈分析法、数值分析法，以及比较分析法，分别对每一政策下的规制者和企业的最优均衡策略加以动态分析，并对不同政策下的最优结果进行比较分析。第四，对本书所有的研究结果进行归纳、总结和分析，并对进一步研究做出展望。因此，本书的研究思路如图 1-1 所示。

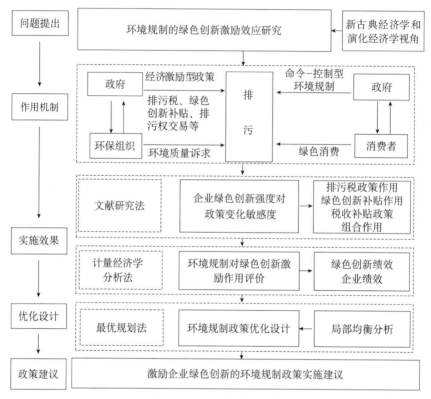

图 1-1   本书的整体思路

1.4.3   研究方法

为实现研究目的，本书将基于资源环境经济学、发展经济学、新制度经济学、外部性理论、稀缺性理论、公共物品理论和微分博弈理论等多种理论和方法，结合文献研究法、微分博弈方法、最优规划法，计量经济学分析法、比较分析法等多种方法对环境规制下的企业绿色创新激励机制展开研究，下面分别介绍。

（1）文献研究法。首先，通过文献研究法来界定环境规制和绿色创新等相关概念；其次，梳理环境规制和企业绿色创新的研究现状；最后，梳理与研究相关的外部性、"干中学"和微分博弈等基本理论。

（2）微分博弈方法。微分博弈方法在经济管理等诸多领域得到较为广泛的使用，其中，包括产业组织、垄断、自然资源和环境经济学等。微分博弈方法能给研究者提供动态研究问题的理论支撑和理论方法，使得研究的问题更接近现实。

（3）最优规划法。在对环境规制政策进行动态优化时，探讨在社会最优计划下的污染排放路径，以及在无环境约束下经济达到均衡时的污染排放路径。通过比较，提出最优环境规制政策的动态特征。

（4）计量经济学分析法。构建实证研究模型，通过数据库查找和问卷调查得到相关数据，实证分析环境规制政策对企业绿色创新行为、企业绩效的影响方向及影响强度，以及政策激励作用发生的条件等问题。

（5）比较分析法。通过比较分析法，可以研究政府规制者和排污企业在三种环境规制政策下最优均衡结果的效果，以此可以给规制者和排污企业提供一定的决策选择依据。这将会使得本书的研究更为充实且更有价值。

1.5 可能的研究创新

首先，本书在基本分析模型建立过程中，同时考虑了排污企业绿色创新投资活动引致的投资成本降低和生态环境改善两方面的"干中学"效应。在相关文献中，鲜有文献考察了"干中学"效应的影响，因此，本书在理论分析模型设立中充分考虑了投资累积经验对投资成本降低和生态环境改善的"干中学"效应，是极具创新的。

其次，本书考察了在不同市场结构下，环境规制对相应企业的绿色创新激励的机制研究。利用微分博弈分析方法获得规制者和排污企业的最优均衡策略，并对此进行比较静态分析，得到最优均衡策略关于重要变量之间的动态变化关系，进一步分析最优策略的相关性质。

最后，本书考察了不同环境规制政策对企业绿色创新投资水平和社会福利水平的异质性分析。通过横向比较同一市场结构下企业绿色创新和社会福利水平的环境规制政策效果差异性，可探讨得出环境规制政策的优劣之分。

第 2 章　相关理论基础

2.1　外部性理论

外部性和市场垄断、公共物品与不完全信息一样，被公认为导致市场在资源配置中失效的重要原因。但外部性概念的提出并不是一蹴而就的，经历了众多经济学家的研究、归纳和总结。1890 年，著名经济学家阿尔弗雷德·马歇尔在其著作《经济学原理》（*Principles of Economics*）中首次提到了"外部经济"概念，该理论将环境与劳动、资本和土地称为生产四大要素。后来，由阿瑟·赛西尔·庇古提出了"庇古税"理论，其考虑了企业的收益成本问题，并通过现代经济学方法对外部性问题进行了较为深入的研究，从外部经济延伸到外部不经济，外部经济是外部影响企业行为，外部不经济是企业行为影响外部，两者在本质上存在明显差别。因此，庇古在外部性理论发展上做出了巨大贡献。经济学家罗纳德·哈里·科斯在批判庇古理论的过程中，于 1960 年在其《社会成本问题》（*The Problem of Social Cost*）一文中阐述了对于外部性问题的纠正办法，即著名的科斯定理，强调产权的重要作用。科斯定理的主要内容是产权明晰，交易成本很小或忽略为零，那么，在开始时无论将财产权赋予谁，最终的市场均衡结果都是有效率的。

保罗·萨缪尔森提出了外部性的定义，即"一个经济主体的活动对其他人产生了有利或不利的影响，而他人不需为此支付报酬或获取补偿的现象。"根据外部性的定义可以将其分为：对他人有利而不得报酬的正外部性；对他人不利却不补偿的负外部性。阿瑟·赛西亚·庇古指出，当存在边际私人成本和边际社会成本之间的差异（即边际外部成本），或边际私人收益和边际社会收益之间的差异（即边际外部收益）时，外部性就会表现出来。将通过以下的经济模型分析外部性成因并给出政策。

2.1.1　正外部性

　　正外部性，简而言之，就是一个企业或个人的经济活动对其他相关组织或个人制造了有利的条件但不被给予相应的报酬。如企业的技术革新，可能因为研究人员的流动造成了企业核心技术的流出，因此，相关个人和企业没有付费就能享受别人的成果，在这个过程中充当了"免费搭便车者"。

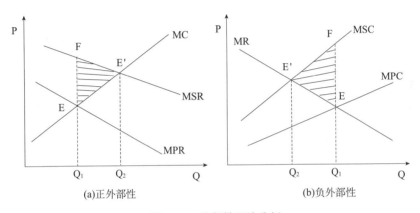

图 2 -1　外部性理论分析

资料来源：笔者根据张运生. 内生外部性理论研究新进展 ［J］. 经济学动态，2012 (12)：115 - 124；张百灵. 正外部性理论与我国环境法新发展 ［D］. 武汉：武汉大学，2011 的相关内容整理而得。

　　当企业主动承担相应的企业环保责任，在企业内部积极开展绿色创新研发，产生了资源节约、环境保护的良好结果，在给社会带来更多收益的同时，企业没有获得其他资金支持或鼓励。在图 2 - 1 (a) 中，MC 表示企业的边际成本，MPR 表示企业的边际私人收益，由于企业行为给社会带来了更多收益，所以，用高于 MPR 的 MSR 表示边际社会收益。根据均衡分析，由 MC = MPR 可知，企业在 E 点实现产量为 Q_1 的生产；由 MRS = MC 可知，达到社会最优的产出为 Q_2。显然，$Q_2 > Q_1$，企业的生产未实现社会最优，造成了社会福利的损失，即黑三角 EFE′，存在帕累托改进的可能。解决正外部性的方法是使得 MSR = MPR，即边际私人收益与边际社会收益不存在差异。补贴政策是解决正外部性的一个重要方法。

2.1.2 负外部性

负外部性与正外部性相对应，是指一个企业或个人的经济活动对其他相关组织或个人造成了不利的影响，但不给予相应的补偿。如环境污染问题，就是一个典型的负外部性例子。排污企业进行生产经营活动，因其采用的是陈旧的生产工艺和落后的生产设备，故其在生产过程中产生、释放大量对环境有害的物质，对周边乃至上下游的居民造成了严重的环境损害。

如图 2-1（b）所示，MR 表示边际收益，MPC 表示企业的边际私人成本。由于企业对社会造成了环境资源负担，使得社会承担了更高的成本，则用高于 MPC 的 MSC 表示社会的边际成本。根据均衡分析可知，由 MR = MPC 可得，企业的最优产出水平为 Q_1；由 MR = MSC 可知，社会最适合的产量为 Q_2。显然，$Q_1 > Q_2$，可理解为企业过多生产超过了社会需求，造成了社会资源的无谓损失，即黑三角 EFE'。可通过对企业征税的方式解决负外部性问题，提高企业的边际成本直到与边际社会成本重合，则社会的资源配置实现最优状态。

2.2 "干中学" 理论

"干中学"，即"边干边学"，是指在某种实践活动中通过经验的累积而学习、获得知识。这个概念最早是在教育学领域被提出并且较为流行，后来又被引用到经济学领域。古典经济学家认同学习对技术进步的重要作用，罗伯特·默顿·索洛提出经济增长的重要源泉来自技术进步，但他还是将其视为外生变量。肯尼斯·约瑟夫·阿罗从技术进步对经济增长的强大推动力出发，认为将技术进步视为影响经济增长的外生因素是不足为信的，随后，提出了"干中学"概念并由此阐述了技术进步的内生理论。"干中学"理论的探索过程是一个循序渐进的过程，经历了"干中学"效应的发现、"干中学"模型化以及"干中学"理论的深入发展等过程。

（1）"干中学"效应的发现来源于生产实践。1936 年，美国飞机制造企业负责人莱特（Wright）在观察员工生产过程中发现，生产一单位产品的直接劳动时间按照某种速度随着产量的累积而递减。随后，阿尔钦（Alchian）对莱特的发现做了一定理论分析，并提出了学习曲线原理和进步函数。凡登（Verdoorn）利用阿尔钦提出的学习曲线原理，研究得出在欧洲不同国家存在近5%的学习进步率。

（2）"干中学"的模型化。阿罗（Arrow）对"干中学"的概念和模型化做出了极大贡献，认为"干中学"在有关的生产活动过程中才能发生。由此提出，"干中学"产生于经验，此外，更深刻地提出假说"技术进步一般可以归结为经验积累。"希辛斯基（Sheshinski）选取总产值和总投资两者的累积量作为经验的代理变量，采用美国相关私人部门和工业化国家数据检验了阿罗的"干中学"模型，结果基本上与其一致。有学者研究了砖石行业工人在工作中的"干中学"效应，结果证明累积的经验确实提高了生产率。

（3）"干中学"理论深入发展。杨（Young）创造性地提出对"干中学"新的认知，将"干中学"理解为挖掘、实现新技术有限的生产性潜能的过程。这意味着，当潜能殆尽时，"干中学"作用就可能消失，"干中学"的不可持续性需要引入新的技术来化解。桑顿（Thornton, 2001）研究了二战期间造船业的生产率，发现"干中学"对其产生重要的影响。莱维特（Levitt, 2013）研究了"干中学"在汽车组装过程中的作用，发现不同车间的"干中学"溢出效应是有限的。罗默（Romer, 2001）和斯托基（Stokey, 1988）也从不同的研究视角，对"干中学"理论进行了开拓和实证分析。

2.3　微分博弈理论

2.3.1　博弈理论概述

博弈论，在运筹学中又被称为对策论，其诞生于 20 世纪 50 年代，是现代数学的一个重要研究方向，其在经济、管理、社会以及军事等众多领域得到广泛运用。博弈论研究的是基于理性的博弈参与者之间的相互影响，参与者各自是如何做出自己的决策的，这些决策又是如何最终达成均衡的。由此可知，博弈过程就是寻找、分析最优均衡状态的过程。均衡是一种状态，即任何一个参与者改变策略，都不会为其带来效用的增加。

事实上，博弈理论是对纷繁复杂的团体决策问题高度理性化和抽象化，目的是为了更好地认识事物发展规律并对未来的决策提供有益的帮助。张维迎（2012）指出，博弈论的基本概念包括参与者、行动、信息、战略、支付、结果和均衡等。有研究者提出，其基本概念还应包括理性、目标和行动顺序。无论如何，一个博弈过程至少包括参与者、战略和支付。博弈论是将复杂问题理论化、抽象化，因此，根据不同的依据，博弈分类也是多样化的。（1）根据参与者决策的顺序，博弈可分为同时决策的静态博弈和先后决策的动态博弈。（2）依据参与者能否达成协议，博弈可以分为参与者接受协议的合作博弈、拒绝接受协议的非合作博弈。（3）遵循信息的完备性，博弈可以分为完全信息博弈和不完全信息博弈。（4）按照参与者人数或纯策略个数是否有限，博弈可以分为有限博弈和无限博弈等。

2.3.2 微分博弈概述

微分博弈是无限博弈的一种特殊类型，中国有关文献中又被称为微分对策。微分博弈的决策是依赖于时间的，即随时间变化而改变，因此，微分博弈是一种特殊的动态博弈。事实上，动态博弈又称为多阶段博弈，如两阶段动态博弈、三阶段动态博弈直至 n 阶段动态博弈。于是，微分博弈被定义为，若一个博弈存在 n 个阶段，当每个阶段的时间间隔 Δt 无限趋于零，即当 $\Delta t \to 0$，$n \to \infty$ 时，该博弈便是连续时间的动态博弈。一个存在时间连续性的无限动态博弈就是微分博弈，可记为 $\Gamma(x_0, T - t_0)$，其中，x_0 表示博弈初始的状态，$T - t_0$ 表示博弈进行的时间。

微分博弈还可以采用函数形式表示。考虑在一个微分博弈 $\Gamma(x_0, T - t_0)$ 中，存在 n 个参与者，每个参与者可表示为 $i \in N = \{1, 2, 3, \cdots, n\}$，进而每个参与者的目标函数或支付函数为：

$$\max_{u_i} \int_{t_0}^{T} f_i \big[t, x(t), u_1(t), u_2(t), \cdots, u_n(t) \big] dt + Q_i \big[x(T) \big] \quad (2-1)$$

$f_i \big[t, x(t), u_1(t), u_2(t), \cdots, u_n(t) \big]$ 表示参与者 i 在 t 时刻的支付，显然，支付结果不仅与其他参与者的行为决策 $\big[u_1(t),$ $u_2(t), \cdots u_{i-1}(t), u_{i+1}(t), \cdots, u_n(t) \big]$ 有关，还与状态变量 $x(t)$ 有关。$Q_i \big[x(T) \big]$ 表示参与者 i 在博弈结束 T 时的收益，该收益与状态变量 $x(T)$ 有关。

目标函数还受约束于如下的状态变动方程：

$$\dot{x}(t) = g \big[t, x(t), u_1(t), u_2(t), \cdots, u_n(t) \big], x(t_0) = x_0 \quad (2-2)$$

在式 (2-2) 中，$\forall i \in N$，$t \in \big[t_0, T \big]$，$f_i \big[t, x(t), u_1(t),$ $u_2(t), \cdots, u_n(t) \big]$、$g \big[t, x(t), u_1(t), u_2(t), \cdots, u_n(t) \big]$ 以及 $Q_i \big[x(T) \big]$ 都必须是可微分的。

2.3.3　微分博弈均衡解法

在一个给定的微分博弈模型中，最关心各参与者的最优均衡策略是什么。因此，求解微分博弈均衡解的技术就显得格外重要。事实上，求解微分博弈均衡解的过程，可以视为各参与者在进行一场激烈的谋求各自利益动态最大化的过程。由此可知，动态最优化技术可以作为求解微分博弈均衡结果的方法。

当前，用于求解微分博弈的方法主要有两种。一种是通过构造的汉密尔顿－雅克比－贝尔曼（Hamilton-Jacobi-Bellman equation，HJB）方程来求解相应的微分博弈问题。贝尔曼方程（或称为动态规划方程）是动态规划等动态最优化技术能达到最优状态的必要条件，利用最优化技术和嵌入原理来组建函数方程组，进而获得最优问题的解。贝尔曼方程被广泛应用于众多经济领域。如企业生产、建设投资及库存问题等。另一种是由 20 世纪中期苏联学者列夫—庞特里亚金（ЛеВ СЕМёнонц Лонтрягнн）提出并用其名字命名的庞特里亚金最大值原理，是最优控制技术的一种方法。该方法用于航空航天等工程领域，后来被艾萨克斯和贝尔曼（Isaacs and Bellman，1969）用于求解微分博弈模型，并且给出的解和动态规划一样都是最优解。本书就是基于后一种方法对所研究的微分博弈模型进行均衡解的求解。

第3章　中国环境规制政策的时空演变

3.1　中国环境规制的发展与现状

3.1.1　中国环境规制的发展

环境规制相关制度在不同时期的发展与中国总体经济发展的阶段密切相关。环境规制的发展也体现了从不完善到日趋完善的制度演进过程。自新中国成立以来，环境规制的发展变化大致可分为五个阶段。

（1）环境规制的萌芽阶段（1949～1979 年）。

环境规制的萌芽阶段为 1949～1979 年。总体而言，这一阶段有关环境污染和自然资源保护方面的政策和文件一般都是党中央、国务院及行政主管部门下发的"红头文件"以及立法机关颁布的法律法规。例如，1951 年的《中华人民共和国矿业暂行条例》是中国第一部矿产资源保护法规。1956 年的《工业企业设计暂行卫生标准》则是预防污染的一种强制性技术规范；环境规制的起步阶段为 1972～1979 年。中国环境保护工作的萌芽，可以归功于 1972 年 6 月在瑞典斯德哥尔摩举行的国际环保大会，1979 年的《中华人民共和国环境保护法（试行）》，明确了环境保护机构及其职责。

（2）环境规制的起步阶段（1979～1989 年）。

改革开放后，环境规制进入迅速发展期，中国各种环境法律、法规陆续出台。其中，几个标志性的法律法规代表了中国环境规制的起步：①1981 年 2 月，国务院颁布《关于在国民经济调整时期加强环境保护工作的决定》；1981 年 5 月，《基本建设项目环境保护管理办法》明确了执行环境影响报告书制度，标志着环境由"组织'三废'治理"向"以防为主"转变。②1982 年，《中华人民共和国宪法》明确规定：

"国家保护和改善生活环境和生态环境，防治污染和其他公害。" 1982 年 2 月，国务院规定，在全国范围内实行征收排污费的制度，并对征收排污费的标准、资金来源以及排污费的使用等作了具体规定。这标志着中国环境治理真正进入了起步阶段。之后几年，国家还颁布了许多有关污染防治和自然资源保护等方面的环境法律法规。如 1982 年颁布的《中华人民共和国海洋环境保护法》、1984 年颁布的《中华人民共和国水污染防治法》、1987 年颁布的《中华人民共和国大气污染防治法》、1984 年颁布的《中华人民共和国森林法》、1985 年颁布的《中华人民共和国草原法》、1988 年颁布的《中华人民共和国水法》和 1988 年颁布的《中华人民共和国野生动物保护法》等。1983 年底召开的第二次全国环境保护会议，是中国环境保护事业的里程碑。这次会议制定了环境保护事业的大政方针，确立了环境保护在国民经济和社会发展中的重要地位。从此，中国的环境管理进入崭新的发展阶段。

（3）环境规制的发展阶段（1989 ~ 1996 年）。

1989 年 4 月召开了第三次全国环境保护会议，会议明确要努力开拓建设有中国特色的环境保护道路；1992 年，里约环境峰会后，中国在世界上率先提出《环境与发展十大对策》，第一次明确提出要转变传统的粗放型发展模式，走可持续发展道路。1994 年公布的《中国 21 世纪议程》把可持续发展原则贯穿到中国经济、社会和环境的各个领域，可持续发展战略成为经济和社会发展的基本指导思想。1989 年 12 月，颁布了《中华人民共和国环境保护法》，之后，又相继颁布了《中华人民共和国水污染防治法》《中华人民共和国大气污染防治法》《中华人民共和国环境噪声污染法》《中华人民共和国固体废物污染环境防治法》《中华人民共和国海洋环境保护法》等。这一时期，环境保护被纳入了国民经济与社会发展的总体规划。

随着地方环保法律法规体系的逐步建立，环境执法机构和队伍建设也明显加强，环境执法日趋严格，各级政府不断加强对环境保护工作的领导，综合运用各种手段保护环境。

（4）环境规制的改革创新阶段（1996 ~ 2012 年）。

这一阶段，是中国经济社会快速发展的时期，工业化和城镇化取得了重大突破，也是国外投资迅猛发展的阶段，但环境污染问题却日益突显。尤其是外商直接投资及承接国际产业转移，中国一度成为海外跨国公司的"污染天堂"。

面对环境问题的新挑战，国务院专门召开了多次环境会议，提出了环境保护的新目标和新任务，并明确把可持续发展战略摆在国民经济发展的重要位置，也陆续出台了一系列法律法规。第四次全国环境保护会议指出："环境保护是关系我国长远发展和全局性的战略问题。"面对经济发展所面临的资源"瓶颈"，党和国家提出了走"新型工业化"发展战略。[①]

（5）环境规制的成熟阶段（2012 年至今）。

自党的十八大以来，中央对环境问题的关注上升到了新高度。党的十八届四中全会提出，用严格的法律制度保护生态环境。2015 年 5 月，中共中央、国务院印发了《关于加快推进生态文明建设的意见》，是中央对生态文明建设的又一次重要部署。党的十八届五中全会顺应时代发展，提出了"创新、协调、绿色、开放、共享"五大发展理念。[②]

3.1.2　中国环境规制现状

总体上，中国的环境规制强度是逐渐加大的。随着中国工业化的快速推进和经济粗放式发展，大气污染、水污染和固体废弃物等环境污染日益加重，生态矛盾更加突出，政府、企业、公众对环境问题的关注度和重视程度急剧提高。自 2003 年以来，中国无论在环境治理投资总额、城市环境基础设施建设投资还是建设项目"三同时"环保投资上，总体上都呈现出快速上升的趋势。

其中，环境治理投资总额增长势头最为迅猛，这也间接地表明了环境治理的紧迫性；城市环境基础设施建设投资的攀升，在一定程度上反映了人们对城市居住环境要求的提高；"三同时"环保投资的上升，从侧面反映出环境规制强度的不断提高。

---

① 国家环境保护局，第四次全国环境保护会议文件汇编［M］. 北京：中国环境科学出版社，1996.

② 中共中央十八届五中全会首次提出了"创新、协调、绿色、开放、共享"五大发展理念。

中国环境规制分别是命令—控制型环境规制、市场型环境规制和自愿参与型环境规制。其中，命令—控制型环境规制，即政府通过立法或制定规章制度，以行政命令强制要求企业遵守，并对违法者通过行政手段进行处罚，以实现环境规制的目的。市场型环境规制借用市场机制的作用，主要运用价格、税收、补贴等经济手段激励企业在追求企业利润最大化的过程中选择有利于控制环境污染的决策。自愿参与型环境规制则是通过给予排污者一定的规制豁免来激励排污者，试图利用环境规制中的各相关利益集团来实现规制目标或提高规制效率。在中国，前两者是主要的环境规制手段。

总的来看，在不断完善的法律体系下，多部门、多层级的监管主体，通过灵活运用行政命令型工具、市场激励型工具和自愿行动型工具，使环境恶化的势头得到一定程度控制。随着转变经济发展方式的步伐加快，产业结构调整速度不断加快，节能减排政策取得了阶段性成果。"三废"排放量等污染物增长放缓，污染物总量开始下降。这对于调和经济增长与环境保护的矛盾，落实经济、政治、文化、社会、生态"五位一体"① 的总体布局，具有非常重要的意义。

3.2　中国环境规制政策梳理

环境政策，是政府在一定历史时期内为有效地落实环境保护战略，解决当前的环境问题并达到预期环境目标的指导准则。可见，环境政策具有阶段性、目的性、导向性、灵活性等特点。特别在中国随着经济体制和经济增长方式的逐步转变，不同时期的环境政策也体现出不同的侧重点和要求。经过不断的探索和实践，中国现已初步形成一套较为完整的环境规制政策体系。

3.2.1　中国环境规制政策的历史演变

1972 年，联合国在瑞典斯德哥尔摩举行的人类环境会议，有力地拉开了中国当代环境保护行动的大幕。随后一年，中国召开了第一次全

---

① 1973 年 8 月 5 日 –20 日，第一次全国环境保护会议在北京召开。

国环境保护会议，会上提出"全面规划，合理布局，综合利用，化害为利，依靠群众，大家动手，环境保护，造福人民"的环保方针，[①]并首次成立了国务院环境保护领导小组及其办公室和各省区市环保机构。同时，着手在全国开展工业"三废"治理和环境规划。1979年《中华人民共和国环境保护法（试行）》颁布，规定了环境影响报告制度和排污收费制度，成为中国实施环境保护的主要法制规范。自20世纪80年代以来，中国主要确立了"预防为主、防治结合""谁污染、谁治理""强化环境管理"三大环境保护政策，以及"环境影响评价""三同时""排污收费""环境保护目标责任""城市环境综合治理定量考核""限期治理""集中控制"和"排污登记与许可证"八项环境保护制度，且在海洋、水、大气等领域的污染防治法律法规也陆续制定实施。

1982年，中华人民共和国城乡建设环境保护部正式成立，标志着环境保护成为国家行政管理的主要工作之一。1983年的第二次全国环境保护会议上，国务院宣布环境保护成为中国一项基本国策。1989年的第三次全国环境保护会议，制定了五项环境管理制度。1989年，《中华人民共和国环境保护法》正式实施，这一阶段的环境政策以政府的直接行政管制为主，开始强调法制化管理。

20世纪90年代初，中国针对工业污染防治，实施了从注重污染的末端治理向生产全程控制、从注重浓度控制向总量与浓度控制相结合、从重分散的点源治理向集中控制与分散治理相结合的"三个转变"，并通过世界银行贷款在部分地区进行了清洁生产试点。1992年，联合国环境与发展会议后不久，中国出台了第一份环境与发展方面的纲领性文件《中华人民共和国环境与发展十大对策》，明确提出要实施可持续发展战略。1994年，全球第一部国家级《21世纪议程》——《中国21世纪议程》正式公布。自20世纪90年代中期，中国将可持续发展作为指导国民经济和社会发展的总体战略；1995年的第四次全国环境保护会议，进一步提出了环境与发展综合决策制度、统一监管分工负责制度、环保投入制度和公众参与制度，[①]有力地推动了环境税费政策的实

---

① 第四次全国环境保护会议于1996年7月15日～17日在北京召开。

施和环保投入的大幅增长。1996 年，全国人大通过了 2000 年和 2010 年的环境保护目标，国务院发布了《关于环境保护若干问题的决定》，为保证阶段性目标的实现作出了规定。1998 年，第九届全国人民代表大会批准，设置新的国家环境保护总局（正部级），级别和职能明显加强。这一时期，日益完善的管理体制机制为构建中国的环境政策体系奠定了良好基础。

2000 年以后，中国开始提倡"科学发展观""和谐社会""循环经济""节能减排"等可持续发展观，提倡灵活使用多种环境管理手段，并再次强调了环境保护基本国策的地位和生态环境保护的重要性。2005 年，国务院发布《关于落实科学发展观加强环境保护的决定》，首次提出要在部分地区坚持"环境优先""保护优先"的原则，分别实行"优化开发""限制开发""禁止开发"，并要求"健全环境保护价格、税收、信贷、贸易、土地、政府采购政策，对不符合产业政策和环保标准的企业，不批地，停信贷，不办理工商登记或依法取缔"，表明中国扭转"重经济轻环境"观念的决心。2006 年，第六次全国环保大会提出，要从主要用行政办法保护环境转变为综合运用法律、经济、技术和必要的行政办法等解决环境问题。2007 年，中央经济工作会议强调抓好节能减排，要完善法律法规，注重运用法律手段促进节能减排，加快出台有利于节能减排的价格、财税、金融等激励政策，强化激励和约束机制。2008 年，第十一届全国人大批准设立环境保护部，主要负责拟订并实施环境保护规划、政策和标准，组织编制环境功能区划，监督管理环境污染防治等任务。2009 年，《中华人民共和国循环经济促进法》正式施行，有力地促进了中国循环经济的发展，并为提高资源利用效率、保护和改善环境、实现可持续发展奠定了法律基础。可见，环境保护已由原则、目标或规范等抽象的概念具体化为发展要素或生产力要素，环境政策体系日趋丰富，政策手段也更加灵活。

3.2.2　中国环境规制政策的基本特征

自 20 世纪 80 年代以来，中国对生态资源与自然环境的保护与治理日趋重视，先后颁布了上千项法律、行政法规以及规范性文件，逐步形成了较为全面的环境政策体系。本书从历年国家及各主管部门颁布的相关政策中，选择了与绿色创新具有较强相关性的851项环境政策（1983~2011年），对这些政策的实施时间、政策类型、发布形式、颁布机构、政策导向、法律效力等方面进行了整理，并进一步得出了中国环境政策以下五个基本特征。

（1）环境法律法规体系初步形成。

1979年，全国人大常委会通过了《中华人民共和国环境保护法（试行）》，标志着中国正式进入环境立法阶段。经过多年发展，中国的环境法律法规体系已基本形成。

从政策的发布形式来看，环境法律法规体系可分为八个层次。一是《中华人民共和国宪法》中有关《中华人民共和国环境保护法》的规定，这也是所有环境立法的法律基础。二是环境法律，在现行颁布实施的20多项法律中，包括由环境保护部门主管的各类污染防治法、由其他部门分管的资源性法律以及生态保护类法律。三是国务院颁布的行政法规，包括条例、办法、决定等。四是环保行政主管部门及相关部门的环境保护规章。五是地方性法律法规，包括有立法权的省区市等的人大和政府颁布的法规。六是环境标准。七是国家相关法律中的环境保护条款，如《中华人民共和国刑法》《中华人民共和国民法》《中华人民共和国物权法》中关于环境保护的内容。八是国际环境公约，包括公约、条约、议定书等多边法规和双边法规。

此外，按照政策的基本类型，中国的环境政策主要分为综合性环境政策、环境经济政策、环境管理政策、环境技术政策、环境产业政策、环境贸易政策、环境国际合作政策、环境保护规划和行业发展规划九大类。各类别又可进一步分为不同的环境政策类型。而从政策体系构建角度来看，自上而下分别是环境保护的基本方针、基本政策，以及为实现环境保护而制定的其他环境政策。

（2）环境政策实施力度日益加强。

随着中国对环境保护问题的日益重视，以及经济社会快速发展下生态破坏和环境污染加剧的客观要求，中国政府不断加大环境保护力度。在一系列环境政策的支撑下，环境保护的领域和范围得以拓展，环境管理水平也取得一定提高。

自20世纪90年代以来，中国的环境立法工作得以快速推进。与环境保护相关的法律陆续出台，早期颁布的法律也先后进行重新修订。行政法规体系逐步完善，并在相关法律的支撑下，政策严格程度加强。环保部门与其他部门积极顺应时代发展要求，进行不同程度的合作分工，出台了大量规范性文件或部门规章。各级环境标准制定速度大大加快。据统计，截至"十一五"末期，中国累计发布环境保护标准 1494 项（现行标准 1312 项）。在现行标准体系中，共有国家环境质量标准 14 项，污染物排放标准共 201 项，其中包括国家标准 138 项，地方标准 63 项，环境监测规范（环境监测方法标准、环境标准样品、环境监测技术规范）705 项，管理规范类标准 437 项，环境基础类标准（环境基础标准和标准制修订技术规范）18 项。这些法律、法规以及部门规章或地方规章，为中国构建环境政策框架体系奠定了坚实基础。

（3）间接管制部分取代直接管制。

在管制方式上，中国逐步由以命令—控制型管制为主的直接管制转变为直接管制与间接管制相结合，特别是作为间接管制的主要类型，基于市场型管制和信息传递型工具正发挥着越来越重要的环境规制作用。

早在"六五"时期，直接管制占绝对的主导地位，但从"七五"时期开始，非传统管制方式开始占一定比重（基本维持在 25% 的水平），但命令—控制型管制仍占有近 3/4 的比重。进入 21 世纪，直接管制方式占比进一步下降至 70% 以下，而基于市场型管制和信息传递型管制在"十一五"时期已超过 31%，较"六五"时期已取得较大突破。

从历年政策工具数量的变化情况来看，所有的政策工具在 2000 年以后均得到快速增长，但命令—控制型管制仍发挥着主导性作用。同时，信息传递型管制比基于市场型管制的增长幅度更为明显，这主要源于近年来中国不断加大的环境保护宣传力度，使地方政府的管制方式日趋灵活。在环境政策制度的实施过程中，地方政府从强力推动转变为合理引导，企业则从被动遵守转变为主动参与。可见，中国环境政策的作用方式正逐步由地方政府直接管制向间接管制过渡。

（4）环境政策手段日趋多样灵活。

目前，中国已形成了包含命令—控制型管制工具、基于市场型管制工具和信息传递型管制工具的环境政策工具体系。其中，命令—控制型管制工具是对控制对象的强制性约束，按照控制阶段分为事前控制、事中控制和事后控制。这类政策工具大多在改革开放初期就得以实施，现已发展成为中国实施最彻底、影响最广泛的环境政策。

同时，中国的环境保护逐步强调市场机制的积极作用。1982 年，中国就开始实施排污收费制度，并于 1987 年首次在上海市试点排污许可证交易，其他经济手段还包括矿产资源税费、污染责任保险、生态环境补偿、废物回收押金等，为中国进一步拓展和完善市场型环境政策积攒了丰富经验。

此外，中国一直注重环境保护的宣传与教育，提高公共参与的积极性和广泛性。20 世纪 90 年代，主要强调环境统计公报或环境统计年鉴、不同形式的环境宣传教育、城市环境整治考核、生态标志等，2000 年以后，重点加强了环境影响评价的公共参与、环境信息公开的法制化，以及环境友好企业、生态园林城市评选等。

（5）污染防治和节能减排双管齐下。

20 世纪 70 年代，中国从治理工业"三废"入手，展开了环境保护工作，污染预防与污染控制成为环境政策的主要内容。至 90 年代初期，又开始实行工业污染的"三个转变"，以节能减排为主要目标的清洁生产逐步取代污染末端控制成为新兴的环境政策导向。

通过 1983～2011 年污染防治类环境政策和节能减排类环境政策在各年环境政策中的占比（此外，还包括产业发展类环境政策、技术管理类环境政策和其他政策等）可以发现，1990 年前后，污染防治类政策占主导地位，1991 年，达到最高点后呈稳步下降，直至 90 年代中期以后，基本保持在 40% 左右的比重。与此同时，节能减排类政策在"七五"时期才陆续出台，并先后在 1995～1996 年和 2007～2008 年达到较高水平（超过了 20%），在整个区间内占比都维持在 10% 以上。这说明，中国的环境政策在保证主要污染源预防与治理的基础上，逐步强化了清洁生产、资源节约与综合利用、循环经济等旨在节能减排的政策力度。

3.2.3 中国主要环境规制政策分析

中国的环境规制政策可以归类为几项环境管理制度：包括法律法规依据充分的环境影响评价制度、"三同时"制度、排污收费制度，使用广泛但法律依据薄弱的总量控制制度、排污许可制度、限期治理制度，以及强制淘汰、污染事故报告与应急、环境质量公告、公众参与等其他制度。本节主要分析中国较为常见的环境制度，就其历史演进、实施机制、实施效果进行深入探讨。

（1）环境影响评价政策。

环境影响评价（environmental impact assessment，EIA），是指按照一定理论和方法，对规划和建设项目实施后可能导致的环境影响进行系统性的事先识别、预测与评估，就这些负面影响的预防或减缓提出具体对策和措施，并定期进行追踪监测的制度。这一制度强调了在项目规划和决策阶段对环境因素的考虑，旨在提高环境相容性。

①环境影响评价制度的历史演进。中国的环境影响评价制度始于20 世纪 70 年代。1979 年实施的《中华人民共和国环境保护法》首次从法律角度规定了环境影响评价制度。1981 年和 1986 年先后由多部委联合颁布的（基本）建设项目环境保护管理办法，对环境影响评价的范围、程序、方法、收费、审批等内容做出具体规定。1998 年，国务院颁发了《建设项目环境保护管理条例》，又进一步修改、完善了环境影响评价的部分内容、程序和法律责任等。2002 年，全国人大常委会通过了于 2003 年 9 月 1 日正式施行的《中华人民共和国环境影响评价法》。《中华人民共和国环境影响评价法》将环境影响评价的范围由一般建设项目扩展至发展规划等战略性活动，并使中国的环境影响评价制度走向法制化的发展道路。

此外，中国还在《中华人民共和国海洋环境保护法》《中华人民共和国水污染防治法》《中华人民共和国环境噪声污染防治法》《中华人民共和国水法》等法律中对不同领域的环境影响评价制度做出明确规定。目前，环境影响评价制度已成为中国环境政策体系中较为完善的环境制度，包括一系列法律、行政法规以及部门规章和规范性文件。

②环境影响评价制度的实施机制。环境影响评价制度的直接目标在于，一是针对可能造成环境损害的一切新建项目而强制执行的一系列环境保护政策；二是为避免或减轻这些影响而对项目提出适宜的措施和建议。相关的环境保护政策主要体现在建设项目选址、所在地环境质量、促进达标排放，以及实现清洁生产等方面。朱源（2015）将环境影响

评价制度的具体目标总结为六个方面，即，向各类决策者和公众披露拟建项目的重大环境影响；指出消除或降低环境外部性的方法和方式；借助相关替代方法或措施预防负面环境影响；向公众披露并说明有关项目的批准理由；培育多部门协作能力；提高公众参与环境保护的积极性。

环境影响评价制度是中国最为典型的命令—控制型环境政策工具，是所有具有环境影响的建设项目和战略性活动的实施前提。对于一般的建设项目，需参考《建设项目环境保护分类管理名录》中对建设项目环境影响评价类别的划分。由建设单位自行或委托环境影响评价单位组织编制环境影响报告书，再向有审批资质的环境部门提出申请。经批准后，方可正式进行施工建设。待到项目建成后，再由建设单位向同一部门申请建设项目竣工环境保护验收。同时，公众在该制度中承担着维护自身环境权益和提高环境影响评价决策质量的重要作用。《中华人民共和国环境影响评价法》中明确强调了公众参与制度在环境影响评价中的不可或缺性。

③环境影响评价制度的实施效果。自"六五"时期以来，中国每年完成的环境影响评价项目数逐年增加，环境影响评价执行率也逐年提高。其中，环境影响评价项目数由1996年的近8万件逐步增长至2001年的近20万件，并在"十五"时期、"十一五"时期均保持在年均20万件以上的水平，到2010年又增至39万件的新高。相应地，环境影响评价执行率由1992年的61%快速提升至1998年的90%，2000年以后基本稳定在97%的水平，特别是近年来已达到99%以上的高执行率。可见，"九五"时期是环境影响评价制度的重要转折期。在此期间，中国通过一系列环境政策的颁布实施，共取缔、关停了超过84000家污染严重又无望治理的"十五小"企业；在全国13万多家排污工业企业中，有90%以上实现了主要污染物达标排放。同时，随着环境影响评价制度的不断完善，加强环境影响评价的思想也不断深入。这主要源于：一是基于一系列技术政策对建设项目提出更高要求，以减少重复建设，加强环境保护与预防；二是对建设项目的潜在环境问题提出预防措施，强化了环境管理在建设项目中的重要作用；三是对区域政策进行环境影响评价，有利于实现生态环境与地区经济的综合发展。

必须指出，中国的环境影响评价制度仍然存在一些制约，还需进一步调整和完善。例如，在制度实施过程中，审批依据和核查标准难以掌握、评价的可靠性较差、基本建设项目管理程序与环境影响评价程序尚未有效结合、公众参与程度偏低、环境影响评价制度相关研究的执行效率低等问题。

（2）"三同时"政策。

"三同时"是指，新扩改项目和技术改造项目的环保设施与主体工程必须同时设计、同时施工、同时投产使用，是用于建设项目实施阶段的环境管理措施，也是贯彻落实以预防污染为主、控制新污染生成的环境政策。

①"三同时"的历史演进。"三同时"制度和环境影响评价制度均始于 20 世纪 70 年代。早在 1973 年发布的《关于保护和改善环境的若干规定》中，就提出了该制度的基本内容。1981 年，国务院又对"三同时"的适用范围进行了拓展，要求对挖潜、革新、改造的项目，以及小型企业和街道、农工商联合企业的建设都必须严格执行"三同时"的规定（《关于在国民经济调整时期加强环境保护工作的决定》）。1981 年，在多个部委联合颁发《基本建设项目环境保护管理办法》中，又具体规定了针对基本建设项目的"三同时"内容。此后，国务院于 1984 年发布《关于环境保护工作的决定》，将其适用范围进一步扩大至可能对环境造成污染和破坏的一切工程建设项目和自然开发项目。1989 年，《中华人民共和国环境保护法》正式出台，在第二十六条中规定"建设项目中防治污染的设施，必须与主体工程同时设计、同时施工、同时投产使用。防治污染的设施必须经过原审批环境影响报告的环境保护行政主管部门验收合格后，该建设项目方可投入生产或者使用。"自法律地位得以巩固后，至 20 世纪 90 年代后期，该制度已成为中国相对成熟的环境管理制度。

②"三同时"的实施机制。"三同时"制度在于从项目建设全周期保障环境设施的及时建设与运行。因此，"三同时"制度适用于环境保护行政主管部门对具备环境影响报告书（表）的建设项目竣工环境保护验收管理，重点验收为污染防治和生态保护而采取的工程、设备、装置和监测手段等。

"三同时"制度和环境影响评价制度涉及的相关参与主体包括以下

五个。一是政府有关部门。具体包括对环境影响评价报告具有审批权限的行政部门、监察部门和建设项目行业主管部门。审批部门负责环境影响评价的建设项目竣工、环境保护验收工作，通常为市级以上人民政府。在环境影响评价决策前，往往要指定某些部门和专家组进行环境影响报告审查。行业主管部门负责预审该行业的建设项目环境影响评价状况。监察部门则负责监督审查、审批部门和建设单位的环境影响评价执行情况，并依法进行奖罚。二是环境保护行政主管部门。其职能包括制定环境影响评价和"三同时"的具体操作规范；环境影响评价的审批和后续跟踪核查；环境影响评价技术服务机构的资质审查和地方环保部门的监督指导；建设项目竣工环境保护验收工作等。三是环境影响评价单位。作为环境影响评价体系中的第三方中介机构，该类单位分为甲、乙两个等级，主要负责组织持有环境影响评价资格证书的技术人员，对规划项目或建设项目进行客观分析和预测，并指出可能存在的环境风险和可行性替代方案。四是环境影响评价对象。即按照相关法规规定需要进行环境影响评价的实体，具体可分为规划的编制部门和从事项目开发的建设单位。五是公众。通常为当地常住居民，由于直接或间接受到提议行动的影响，能够对环境影响评价报告或具体程序提出建议或进行监督制约。

③"三同时"的实施效果。与环境影响评价制度相比，"三同时"制度一直保持着较高的执行率。"三同时"执行率自"九五"初期就接近90%，1997年后更是超过了95%；2001～2006年，"三同时"执行率与环境影响评价执行率保持着同一变动水平，绝对值也基本一致。2007年，"三同时"执行率开始小幅下降，但2010年又回归到98%的水平。"三同时"项目执行数呈逐年递增态势，由1996年的1.79万件增至2009年的9.48万件，2010年则突破10万件。必须承认，通过30多年的发展，环境影响评价制度和"三同时"制度为预防中国各类环境损害起到了不可替代的积极作用。

(3) 排污许可证政策。

排污许可证制度是指，环境保护行政部门对排污者申请的排污行为依法颁发排污许可证，并以此为凭证进行定期监督、检测的环境制度，也可视为有关排污许可证的申请、审核、颁发、中止、吊销、监管和罚款等方面规定的总称。换句话说，排污许可证实际上是一个综合制度体系，其中，涵盖了排污申报登记、环境标准管理、环境影响评价、环境监测、排污口设置管理、环保设施监管、排污收费、限期治理等制度，以及违法处罚等规定。因此，排污许可证政策是保证污染稳定达标排放的有效管理手段。目前的排污许可证主要用于水污染物和大气污染物的排放。

①排污许可证制度的历史演进。早在 20 世纪 80 年代，中国一些地方就开始排污许可证制度的试点工作，1988 年国家环保局发布了《关于以总量控制为核心的〈水污染物排放许可证管理暂行办法〉和开展排放许可证试点工作的通知》。1991 年，在 16 个城市进行了大气污染物排放许可证试点工作，使中国的水环境管理和大气环境管理进入新阶段。1996 年，全国人大通过的《国民经济和社会发展"九五"计划和 2010 年远景目标纲要》将排污总量控制确立为中国环境保护的重大制度之一，而排污许可证发放成为污染总量控制的重要手段。2000 年《中华人民共和国水污染防治法实施细则》正式颁布，首次明确了总量控制制度与排污许可证制度的相互关系，即以总量控制为排污许可证制度的基础和实施前提，而以排污许可证作为总量控制制度的实施手段和法律形式。2000 年，修订的《中华人民共和国大气污染防治法》也规定，对尚未达到规定的大气环境质量标准的区域和国务院批准划定的酸雨控制区、二氧化硫污染物控制区，实施主要大气污染物排放许可证。至此，排污许可证制度已基本形成了具备较强约束力、涉及多种污染物、辐射广阔地区的制度体系。2001 年以后，国家环境保护总局先后出台环境保护"十五"规划、"十一五"规划、"十二五"规划，推动了中国排污许可证制度的深入发展。

②排污许可证制度的实施机制。排污许可证制度的核心目标在于，促进污染源的达标排放及其总量控制，提高污染减排的确定性。通过排污许可证将排污者必须遵守的有关国家环境保护的法律法规、标准和技术规范性文件等要求具体化。即根据排污许可证的实际内容，对每个排污者的环境责、权、利提出明确要求。例如，前提性条件（如排污企业是否符合环境影响评价和国家产业政策的要求）、日常管理性要求（如生产经营过程中污染治理设施的维护与运行、污染物生成情况和排放情

况的监测、定期向相关部门报告和参加检查等）、技术性要求（如污染物排放的浓度、速率、总量、时段等），并最终作为监督检查的法律文书和法律凭证。排污许可证制度涉及的政策主体包括审核、发放排污许可证并定期监测、核查的各级环保行政部门和实施污染排放的企事业单位。社会公众在排污许可证的审核、公示、听证以及后期排污监督等方面也发挥着重要作用。

③排污许可证制度的实施效果。自 1985 年在上海市的首次探索至今，排污许可证制度已成为中国深化污染防治工作的重要手段，排污许可证也成为行政部门和排污企业之间的重要纽带。这种以总量控制为基础的排污许可证制度取得的成效体现在三方面。一是更适用于具有先进环保理念、较强监测能力和较好环保工作基础的地区。二是有利于环境管理水平的全面提高和环境质量的改善。三是对加强企业的环保意识具有一定推动力。但从中国的实施情况来看，这一制度的影响力还有待进一步提升。

（4）污染限期治理政策。

污染限期治理是指，相关部门为使污染物超标排放的企业达到排放标准而强制规定一定的期限治理和整改。该项制度尚未出台专门性法律法规，但在一些环境法规中有所涉及。

①限期治理制度的历史演进。污染限期治理的思路最早源于 1973 年颁布的《关于保护和改善环境的若干规定》，其中，要求各级政府必须对现有污染迅速做出治理规划并分期、分批加以解决。但到 1978 年，限期治理制度才正式实施。1979 年，《中华人民共和国环境保护法（试行)》第十七条明确规定："在特殊保护区不准建设污染环境的单位；已经建成的，要限期治理、调整或搬迁。"1989 年新修订的《中华人民共和国环境保护法》第十八条、第二十九条、第三十九条分别对限期治理的对象、管理权限、相应法律责任等内容做了明确规定，使其成为环境保护领域的一项基本法律制度。

②限期治理制度的实施机制。限期治理制度旨在强化重污染企业的环境保护责任，通过较短的时间和强制性手段促使企业开展污染集中整治。其范围除了个别污染点源的治理，还包括对某些行业和区域环境的治理。如风景名胜区、自然保护区和其他需要特别保护的区域等。该制

度的具体实施目标为：对于某一污染物的限期治理，一般要求污染物排
放达到国家规定或者地方规定的排污标准；对于特定行业的限期治理，
一般要求分期分批逐步达到所有污染源的达标排放；对于区域环境的限
期治理，则要求必须符合所在地区的环境质量标准。而治理的期限主要
根据具体污染源情况、治理难度、治理能力等因素进行综合判断，但最
长不超过 3 年。此外，环境行政部门对于违反治理规定的企事业单位可
予以处罚，各级政府可采取关、停、并、转等强制措施。

③限期治理制度的实施效果。中国自实行限期治理制度以来，在污
染防治制度建设、环境质量改善、产业结构调整等方面取得了一定
成绩。

2001 年，是实施中国限期治理制度的分水岭，[①] 由此可大体划分为
两个阶段。第一阶段是 1996～2000 年，治理项目由 5717 件迅速增至
43349 件、项目投资额则由 42.4 亿元扩增至 317.52 亿元，均呈逐年递
增趋势。虽然 2001 年的项目治理数和投资额下降至近 1.6 万件和 106.7
亿元，但此后也一直保持增长，到 2008 年已分别达到 25899 件和
399.82 亿元。与此同时，限期治理失效时的关停并转措施也从 1999 年
的不到 1 万个增加至 2008 年的 2.25 万个。[②] 可见，这些环境制度的执
行为中国提升排污能力、优化产业结构起到了积极作用。

（5）排污收费政策。

排污收费是指，环境保护行政部门根据环境保护法律法规，向环境
直接或间接排放污染物的排污者就其排污数量和排污类型征收一定数额
的费用，以促进外部环境成本内部化。作为中国最具历史的环境经济政
策，排污收费制度是关于排污费征收对象、征收范围、征收标准、征收
程序以及排污费的征收、管理、使用和法律责任等规定的总称。

①排污收费制度的政策框架。排污收费制度包括，排污收费的相关
立法、排污费征收，以及资金的使用与管理等规定。1979 年颁布的
《中华人民共和国环境保护法（试行）》中第十八条规定："超过国家规
定的标准排放污染物，要按照排放污染物的数量和浓度，根据规定收取

---

① 见《中华人民共和国环境保护法》，1989 年。
② 根据《2008 年环境统计年报》相关数据整理而得。

排污费。"这成为排污收费制度最早的法律依据。1982 年，国务院颁布了《征收排污费暂行办法》，超标排污收费制度开始在中国正式实施。1988 年，国务院颁布的《污染源治理专项基金有偿使用暂行办法》，推进了排污费的有偿使用制度。2003 年，国务院颁布的《排污费征收使用管理条例》、多部委联合发布的《排污费征收使用管理》以及财政部与国家环境保护总局共同发布的《排污费资金收缴使用管理办法》陆续实施。这些行政法规、部门规章为在社会主义市场经济体制下建立排污收费制度提供了坚实的法律保障和制度规范。随后，国家环境保护总局相继发布了一系列有关排污费征收、使用和管理的部门文件，作为这一制度的进一步补充和完善。

②排污收费制度的实施机制。排污收费制度基于庇古税原则，旨在通过将排污者的外部环境成本转化为内部经济成本，利用价值规律的调节作用促使其加强对污染物的排放控制，并作为筹集污染控制资金的政策手段。排污收费的前提条件是排污者不具有向外界环境排放污染物的权利，而排污费用的缴纳实际是从排污权所有者中购买这一权利，即形成一种针对污染排放权利的市场交易，因此，排污收费制度在本质上是一种排污权的明确和转让。而作为排污权所有者的代表，政府一方面，要定期征收排污费，保证排污者外部成本的内部化；另一方面，要合理使用和管理排污收费资金，实现资源的再分配。这里的政府主管部门包括国务院及地方的价格主管部门、财政部门、环境保护部门等。

中国的排污收费制度以"污染者付费"为原则，在实施过程中的主要特点有：一是排污收费、超标排污收费与超标排污处罚并存。根据相关法律法规的要求，不同污染物的收费标准也不同。如噪声污染实行超标污染收费，固体废弃物实行排污收费，而大气污染实行排污收费及超标排污处罚。二是浓度收费与总量收费并存。现行排污收费制度及大多数污染防治法规规定按浓度收费，但大气污染及海洋污染防治均要求按排污量征收。三是单因子收费与多因子收费并存。除大气污染物排放按照种类征收外，其余污染类型都采取单因子收费。四是违章加重收费。即对于不能达标排放的各类污染源，给予不同方式的加重收费。五是缴费与治理责任并存。排污者不仅需要缴纳排污费，还需承担污染治理、赔偿损坏的责任和法律规定的其他责任，两者不能抵免或转化。

③排污收费制度的实施效果。从排污费的征收情况来看，虽然各年缴纳排污费的企业数量变化较大，但排污费征收总额呈逐年递增态势。

排污费资金规模由 1996 年的 40.96 亿元逐步达到 2010 年的 188.19 亿元，增长了 4 倍，[①] 成为中国污染治理的主要资金来源之一。而征收对象由数量众多的中小企业逐步转向污染排放大户，继而形成缴费企业总数下降但缴费总额仍不断增长的局面。

然而，若将历年的排污费增长率与工业总产值增长率进行对比，连同排污费在工业总产值中的占比情况可以发现，中国的排污收费制度还存在一些问题。特别是 2000 年以来，除了 2005 年，排污费增长率都低于工业总产值增长率，而排污费在工业生产总值中的占比自 2001 年达到 0.065% 的最高点后逐年下降，到 2010 年仅为 0.0269%。[②] 可见，中国排污收费制度的实施效果并不理想，排污费实际征收额远远超过现有规模。

究其原因，可以总结为三个方面。一是收费标准有待调整。已实施的排污费管理条例中对污染物的收费标准设定偏低，相对于污染治理成本或边际成本，现有标准仅为实际测算收费标准的一半，导致排污企业更倾向于缴费，而对于污染减排治理的积极性不高。二是费用征收力度有待加强。条例将征收对象拓展为向环境排污的所有企业和个体工商户，并实施多因子收费，这导致排污费用征收成本增加。有的地方甚至出现了协议收费现象，不利于排污收费制度发挥作用。三是资金管理使用有待规范。由于环保经费不足，排污费用资金被有关部门拿作他用，致使排污收费制度的使用效率低。因此，这一制度在提高环境效益和经济效益方面，还具有一定改进空间。

（6）环境信息公开政策。

环境信息公开是指，环境保护行政部门根据相关法律法规，及时、准确地向社会公布各类环境信息，以保证公民、法人和其他组织的知情权、参与权和监督权。这一制度有助于社会公众通过环境信息的传达参

---

①② 夏欣. 东北地区环境规制对经济增长的影响研究 [D]. 长春：吉林大学，2019 年 5 月。

与环境保护活动，因此，是公众参与环境管理的重要体现。

有关环境信息公开的相关法规，始于 2003 年国家环境保护总局发布的《关于企业环境信息公开的公告》，之后，随着《全国污染源普查条例》和《环境信息公开办法（试行）》在 2007 年的相继实施，为环境信息公开制度提供实行依据。虽然中国尚未制定针对环境信息公开的法律文件，但《中华人民共和国环境保护法》明确了环保行政部门定期发布环境状况公报的义务，其他相关法律均要求建立各类信息共享机制，以实现污染防治和环境保护信息共享、维护其他部门和公众的环境权益、推动有关的环境保护活动。同时，中国的环境信息公开工作进行较早，如环境状况公报、环境统计年鉴、环境保护大事记从 1989 年开始定期公布，环境统计公报、全国城市环境管理与综合整治年度报告以及城市空气质量周报也在 1995 年后陆续开始实施。

政府所需公布的环境信息包括环境质量、生态状况、污染物排放、环保技术、环境管理信息等，具体体现为环境保护法规、环境保护规划、环境质量状况、统计调查信息、突发事件处理、建设项目环评文件受理情况、排污超标企业名单、环境创建审批结果等类型，并由环保行政部门通过政府网站、公报、新闻发布会以及报刊、广播、电视等媒介定期向社会公布。据统计，到 2005 年，全国所有地级以上城市均实现空气质量自动监测和日报发布；发布十大流域水质月报和水质自动监测周报；定期开展南水北调东线水政监测工作；113 个环保重点城市开展集中式饮用水水源地水质监测月报；发布环境质量季度分析报告。此外，各级政府和环保行政部门通过举行新闻发布会，就相关环境信息进行及时通报和公示。

但目前，中国公众因信息不对称而导致环境信息的获取成本偏高，特别是在追究污染者责任、维护合法环境权益等方面，往往需要较大的信息成本，从而抑制了公共参与的积极性和主动性。

3.3　结论

本章重点梳理中国的环境规制政策，就其历史演变、基本特征以及具体环境制度及政策进行了分析，旨在初步构建中国的环境规制政策框架。

随着经济体制和经济增长方式的逐步转变，中国在不同时期的环境政策体现出不同的侧重和要求。特别是自 20 世纪 80 年代以来，中国对生态资源与自然环境的保护与治理日趋重视，先后颁布了上千项法律、行政法规以及规范性文件，逐步形成了一套较为完整的环境政策体系。中国环境政策的基本特征可归纳为四个方面，即，环境政策实施力度日益加强、间接管制部分取代直接管制、环境政策手段日趋多样灵活、污染防治与节能减排双管齐下。

第4章 排污税和创新补贴对垄断企业 绿色创新的激励研究

4.1 相关研究进展

环境技术创新或绿色创新（Qi, 2014）在环境污染控制中起着关键作用（Wang et al., 2017）。但是，由于污染的外部性，释放者没有动力去控制它。更为严重的是，绿色创新投资具有成本高、风险高的特点，是一种具有双重外部性的创新，即在具有技术溢出效应的同时，还减少了对环境的不利影响（Strand and Toman, 2010; Polzin et al., 2016; Wang et al., 2017）。因此，在没有政策干预的情况下，企业通常不愿投资环境技术创新。

哪些政策可以激励垄断企业进行绿色创新？此外，政策如何影响垄断企业的绿色创新行为？这些重要的问题已经引起了很多研究。其中，税收政策和补贴政策被认为是最重要的两个基于市场的政策工具，已经得到了深入探索（Saltari et al., 2011; Liao, 2018）。

近几十年来，排放税对绿色创新的影响一直是研究的热点。布坎南（Buchanan, 1969）认为，排放税并不能提高社会福利。相反，当边际损害较低时，可能会导致福利下降。布坎南（Buchanan, 1969）、巴尼特（Barnett, 1980）发现，如果边际损害率较低，则最大化社会福利的最优税率可能为负，这实际上是对生产的补贴。同样，本彻科伦（1998）和隆（2002）（Benchekroun, 1998; Long, 2002）认为当污染存量低时，最优排放税率也将为负。假设一家公司受外生环境政策约束，并且环境受到流动污染物的破坏，西帕帕亚（Xepapadeas, 1992）、科特（Kort, 1996）、斯迪姆（Stimming, 1999）、费恩斯特拉（Feenstra, 2001）等比较、分析了排放税和排放标准对企业绿色创新投资的影响。费金格（Feichtinger, 2016）考虑了由社会监管者对寡头企业征收排放税以最大化净福利的情况，他们通过寡头博弈模型发现，绿色创新投资曲线呈凹形。吉奥马尔·马丁－赫拉纳和鲁维奥（Guiomar Martín-Herrána and Rubio，2018）致力于最佳排放税规则的分析，他们发现，污染存量的边际收入以及社会和私人影子价格会影响最佳排放税率。

　　补贴被视为促进技术创新的重要动力。由于研发活动中存在技术溢出效应，因此，导致私人投资无法响应社会最优水平。阿罗（Arrow，1962）和思朋斯（Spence，1984）认为，应该采取公共支持（创新补贴）来使 R&D 投资更接近社会最优均衡水平。尽管到目前为止，公司绩效与研发投资补贴之间的关系尚不清楚，但许多理论和实证研究表明，研发投资补贴确实会刺激私人研发支出（Almus and Czarnitzki，2003；González et al.，2005；Hujer Tommy，2009；Bronzini and Piselli，2016）。绿色创新具有双重外部性，一种是技术溢出，存在于所有技术创新中；另一种是环境溢出，只出现在绿色创新中。因此，绿色创新比普通技术创新需要更多的补贴（Fan and Dong，2018；Wang et al.，2017）。一些文献揭示了如何更有效地制定绿色创新补贴政策。李（Li，2014）建立了一个博弈模型来分析最佳补贴政策和企业的最佳绿色创新投资。海特和恰拉克奇耶夫（Hirte and Tscharaktschiew，2013）应用空间城市模型，研究了德国大都市地区电动汽车的最佳补贴。孙和聂（Sun and Nie，2015）与杨和聂（Yang and Nie，2016）比较了几种不同类型的可再生能源发展补贴。王（Wang，2017）通过监管者和代表公司之间的博弈模型，研究了绿色保险补贴的问题。研究表明，绿色保险补贴可以有效地刺激企业的绿色创新。

　　本章在社会监管者与垄断者之间建立了关于绿色创新的微分博弈模型。实际上，本章的研究是三条研究主线之间的交叉点。前两条研究主线与排放税和创新补贴对绿色创新影响的研究有关（Buchanan，1969；Benchekroun and Long，1998，2002；Feichtinger et al.，2016；Guiomar Martín-Herrána and Rubio，2018；Arrow，1962；Spence 1984；Bronzini and Piselli，2016；Fan and Dong，2018）。第三条研究主线与"干中学"的研究有关（Arrow，1962；Rosen，1972；Simon and Steinmann，1984；Thompson，2010；Li，2014）。阿罗（Arrow，1962）认为，知识存量的

一个好的指标是累计投资。罗森（Rosen，1972）、西蒙和斯坦曼（Simon and Steinmann，1984）断言，由于"干中学"效应的存在，更大的经济体将有更高的人均产出。最近，李（Li，2014）研究了污染减排问题，其中，通过从时间 0 到 t 的累计减排量来衡量使用污染减排技术的经验，这可能是第一次考虑了在累计投资中所形成的降低成本的"干中学"效应。科根（Kogan，2016）认为，专有学习水平是影响古诺市场中企业战略行为的主要因素。布歇尔（Bouché，2017）将知识积累作为总投资的副产品，增长模型表明内生增长可以通过"干中学"来实现。此外，基于李（Li，2014），其他文献也研究了降低成本的"干中学"效应。如李（Li，2016）、潘（Pan，2016）和魏（Wei，2019）等。

本章的主要贡献在于以下三个方面。一是首次研究一种新的环境治理机制，即监管者实施联合税收补贴政策对污染者进行规制，并提供了联合最优的税收补贴机制。尽管上面提到的许多文献分别研究了排放税和创新补贴如何影响企业的绿色创新行为，但是，很少分析这两个因素对企业绿色创新的综合影响以及如何设计联合最优的排放税率和绿色创新补贴率机制。此外，尽管斯图基等（Stucki et al.，2018）、哈托利（Hattori，2017）已经对排放税和创新补贴激励企业绿色创新的效果进行了比较和分析，据我们所知，本章首次为监管机构提供了最优的联合排放税和绿色创新补贴机制。二是对最优排放税、最优绿色创新补贴、最优联合排放税和绿色创新补贴对于社会福利的影响进行了对比分析。我们发现，在"仅排放税""仅绿色创新补贴""排放税和绿色创新补贴"三项政策中，"排放税和绿色创新补贴"政策可以带来最高水平的社会福利。"仅排放税"政策可以带来次高的社会福利水平。在鼓励绿色创新方面，联合最优排放税和绿色创新补贴机制具有最强的激励作用。次高是"仅绿色创新补贴"政策，而"仅排放税"政策导致的激励结果最低。三是在本章中，我们同时研究了提高效率和降低成本的"干中学"效应对绿色创新的影响。自李（Li，2014）以来，对通过累计投资产生的降低成本的"干中学"效应进行了深入研究，但是，除了魏（Wei，2019）的研究外，效率提高的"干中学"效应对企业投资行为的影响一直很少受到关注。魏（Wei，2019）研究发现，提高效率的"干中学"效应对绿色创新有积极作用。本章同时研究了在绿色创新过程中提高效率和降低成本的"干中学"效应的影响效果。

4.2　博弈

考虑以下情况，市场上存在一个污染垄断企业，且其生产单一产品，则该垄断企业面临以下瞬时逆需求函数：

$$p(t) = a - c - q(t) \tag{4-1}$$

在式（4-1）中，a > 0 代表恒定保留价格，c ∈ (0, a) 代表单位成本，q(t) ∈ [0, a-c] 代表产出水平。在生产过程中，存在负面的环境外部性。为简单起见，假设每单位产出都会产生一个单位的污染。此外，我们假设，如果垄断企业投资于绿色创新，在不降低产量的情况下可以减少污染排放量。因此，排放量 x(t) 的动态过程，由式（4-2）给出。

$$\dot{x}(t) = q(t) - y(t) - \delta x(t) - \eta A(t) \tag{4-2}$$

在式（4-2）中，y(t) 表示绿色创新投资水平。δ > 0 代表污染衰减率。受魏（Wei, 2019）、格罗斯（Grosse, 2015）和费斯（Feess, 2002）实证研究的启发，本章用 -ηA(t) 表示从创新投资中获得的提高效率的"干中学"效应，-ηA(t) 表示减排效率和减排数量随着在减排研发投资中获得的累积经验 A(t) 的增加而增加。η > 0 表示知识积累对投资效率的影响率。

继李（Li, 2014）和魏等（Wei et al., 2019）的研究，累积经验 A(t) 的动态方程可以写成：

$$\dot{A}(t) = \mu y(t) - \gamma A(t) \tag{4-3}$$

在式（4-3）中，μ > 0 表示学习率，γ > 0 表示累积经验的递减记忆率。在李（Li, 2014）、兰贝蒂尼（Lambertini, 2017）和魏（Wei, 2019）的研究中，式（4-4）给出了绿色创新投资的成本函数，绿色创新投资的成本与投资额的关系是递增且凹的，随着累积经验的增长而降低。

$$C[y(t), A(t)] = \alpha y^2(t) - \beta A(t) \tag{4-4}$$

在式（4-4）中，α 是投资成本参数，β 是知识积累对投资成本的影响率。

在没有政府干预的情况下，我们可以得出垄断企业在持续时间 $t \in [0, \infty)$ 内的目标如下：

$$\max_{y,q} \int_0^{+\infty} e^{-\rho t} \{[a - c - q(t)]q(t) - \alpha y^2(t) + \beta A(t)\} dt$$

$$s.t. \begin{cases} \dot{x}(t) = q(t) - y(t) - \delta x(t) - \eta A(t) \\ \dot{A}(t) = \mu y(t) - \gamma A(t) \end{cases} \quad (4-5)$$

根据兰贝蒂尼（Lambertini, 2017）的研究假设环境受到流动污染物的损害，并且，损害函数 $D(t)$ 与流动污染量 $x(t)$ 的关系是递增且凹的，即：

$$D(t) = sx^2(t) \quad (4-6)$$

在式（4-6）中，$s > 0$ 表示损害参数。

在本节中，我们将采用逆向归纳法，先研究"仅排放税"和"仅绿色创新补贴"两种情况，以获取基准情况，然后，分析联合最优税收补贴机制。

4.3 博弈均衡

4.3.1 仅排放税

考虑一种情况，即监管机构仅对垄断企业征收排放税率为 τ 的排放税，鼓励其进行减排研发投资。我们可以将垄断企业的动态优化问题表示如下：

$$\max_{y,q} \int_0^{+\infty} e^{-\rho t} \{[a - c - q(t)]q(t) - \alpha y^2(t) + \beta A(t) - \tau x(t)\} dt$$

$$s.t. \begin{cases} \dot{x}(t) = q(t) - y(t) - \delta x(t) - \eta A(t) \\ \dot{A}(t) = \mu y(t) - \gamma A(t) \end{cases} \quad (4-7)$$

优化问题式（4-7）的当前值汉密尔顿函数，可以由式（4-8）给出：

$$\begin{aligned} H(x, A, y, q) = &[a - c - q(t)]q(t) - \alpha y^2(t) + \beta A(t) - \tau x(t) \\ &+ \lambda_1(t)[q(t) - y(t) - \delta x(t) - \eta A(t)] \\ &+ \lambda_2(t)[\mu y(t) - \gamma A(t)] \end{aligned} \quad (4-8)$$

在式（4-8）中，$\lambda_1(t)$ 和 $\lambda_2(t)$ 是具有横截性条件 $\lim_{t \to \infty} e^{-\rho t}\lambda_1(t) = 0$、

$\lim\limits_{t\to\infty} e^{-\rho t}\lambda_2(t)=0$ 的动态共态变量。一阶条件可以表示为：

$$\frac{\partial H}{\partial y(t)}=-2\alpha y(t)-\lambda_1(t)+\mu\lambda_2(t)=0 \qquad (4-9)$$

$$\frac{\partial H}{\partial q(t)}=a-c-2q(t)+\lambda_1(t)=0 \qquad (4-10)$$

因此，可以得出：

$$y(t)=\frac{\mu\lambda_2(t)-\lambda_1(t)}{2\alpha} \qquad (4-11)$$

$$q(t)=\frac{a-c+\lambda_1(t)}{2} \qquad (4-12)$$

此外，还有以下共态方程：

$$\dot{\lambda}_1(t)=\rho\lambda_1(t)-\frac{\partial H}{\partial x(t)}=(\rho+\delta)\lambda_1(t)+\tau \qquad (4-13)$$

$$\dot{\lambda}_2(t)=\rho\lambda_2(t)-\frac{\partial H}{\partial A(t)}=(\rho+\gamma)\lambda_2(t)+\eta\lambda_1(t)-\beta \qquad (4-14)$$

从式（4-2）、式（4-3）、式（4-11）~式（4-14）和横截性条件，我们获得了微分方程系统式（4-15）。

$$\begin{cases} \dot{x}(t)=q(t)-y(t)-\delta x(t)-\eta A(t) \\[2mm] \dot{A}(t)=\mu y(t)-\gamma A(t) \\[2mm] \dot{y}(t)=\dfrac{\mu(\gamma+\mu\eta-\delta)[\eta\tau+\beta(\rho+\delta)]-[2\alpha(\mu\eta-\rho-\delta)y(t)-\mu\beta-\tau](\rho+\delta)(\rho+\gamma)}{2\alpha(\rho+\delta)(\rho+\gamma)} \\[2mm] \dot{q}(t)=\dfrac{(\rho+\delta)[2q(t)-a+c]+a-c+\tau}{2} \end{cases} \qquad (4-15)$$

求解稳态条件下的稳态均衡控制变量和状态变量，并用上标"∧"标识均衡解，我们得到：

$$\hat{q}=\frac{(c-a-\tau)+(a-c)(\rho+\delta)}{2(\rho+\delta)} \qquad (4-16)$$

$$\hat{y}=\frac{\mu(\gamma+\mu\eta-\delta)[\beta(\rho+\delta)+\eta\tau]-(\rho+\gamma)(\rho+\delta)(\mu\beta+\tau)}{2\alpha(\rho+\gamma)(\rho+\delta)(\mu\eta-\rho-\delta)} \qquad (4-17)$$

$$\hat{x}=\frac{q(t)-y(t)-\eta A(t)}{\delta}=\frac{\Omega}{2\alpha\gamma\delta(\rho+\gamma)(\rho+\delta)(\mu\eta-\rho-\delta)} \qquad (4-18)$$

$$\hat{A} = \frac{\mu^2(\gamma + \mu\eta - \delta)[\beta(\rho + \delta) + \eta\tau] - (\rho + \gamma)(\rho + \delta)(\mu^2\beta + \mu\tau)}{2\alpha\gamma(\rho + \gamma)(\rho + \delta)(\mu\eta - \rho - \delta)}$$

$$(4 - 19)$$

在式（4 – 18）中，

$$\begin{aligned}
\Omega = &[\mu\eta(\gamma + \mu\eta)(\gamma + \mu\eta - \delta) - \alpha\gamma(\rho + \gamma)(\mu\eta - \rho - \delta) \\
&- (\gamma + \mu\eta)(\rho + \gamma)(\rho + \delta)]\tau + [\alpha\gamma(a - c)(\rho + \gamma) \\
&(\rho + \delta - 1) - \beta\mu(\rho + \delta)(\gamma + \mu\eta)](\mu\eta - \rho - \delta)
\end{aligned}$$

为了分析稳定性，这里提出命题 4 – 1。

命题 4 – 1：稳态均衡 $\{\hat{q}, \hat{y}, \hat{x}, \hat{A}\}$ 是鞍点均衡。

该证明在附录 4 – 1 中提供。

接下来，研究最佳排放税率 τ^*。社会福利可以由式（4 – 20）给出。监管机构的目标是确定最佳税率 τ^* 以使其最大化。

$$SW = aq(\tau) - \frac{1}{2}q^2(\tau) - cq(\tau) - \alpha y^2(\tau) + \beta A(\tau) - sx^2(\tau)$$

$$(4 - 20)$$

求解必要条件 $\partial SW(\tau)/\partial\tau = 0$，获得 τ^* 为：

$$\tau^* = \frac{K}{G} \qquad (4 - 21)$$

在式（4 – 21）中，

$$\begin{aligned}
G = &\gamma^2\delta^2[2\alpha(\rho + \gamma)(\rho + \delta)(\mu\eta - \rho - \delta)]^2 + 8\alpha\gamma^2\delta^2(\rho + \delta)^2 \\
&[\mu\eta(\gamma + \mu\eta - \delta) - (\rho + \delta)(\rho + \gamma)]^2 + 8s\Psi(\rho + \delta)^2 \\
&[\mu\eta(\gamma + \mu\eta)(\gamma + \mu\eta - \delta) - \alpha\gamma(\rho + \gamma)(\mu\eta - \rho - \delta) \\
&- (\gamma + \mu\eta)(\rho + \gamma)(\rho + \delta)]
\end{aligned}$$

$$\begin{aligned}
K = &\gamma^2\delta^2(c - a)(\rho + \delta - 1)[2\alpha(\rho + \gamma)(\rho + \delta)(\mu\eta - \rho - \delta)]^2 \\
&+ 8\alpha\mu\beta\gamma\delta^2(\rho + \delta)^3(\mu\eta - \delta - \rho)(\gamma + \rho - \delta)[\mu\eta(\gamma + \mu\eta - \delta) \\
&- (\rho + \gamma)(\rho + \delta)] - 8s(\rho + \delta)^2\Psi\{[\alpha\gamma(a - c)(\rho + \gamma)(\rho + \delta - 1) \\
&- \beta\mu(\rho + \delta)(\gamma + \mu\eta)](\mu\eta - \rho - \delta)\}
\end{aligned}$$

$$\begin{aligned}
\Psi = &\mu\eta(\gamma + \mu\eta)(\gamma + \mu\eta - \delta) - \alpha\gamma(\rho + \gamma)(\mu\eta - \rho - \delta) \\
&- (\gamma + \mu\eta)(\rho + \gamma)(\rho + \delta)
\end{aligned}$$

在附录 4 – 2 中，我们获得了二阶条件 $\partial SW^2(\tau)/\partial\tau^2 < 0$。因此，式（4 – 21）最大化 $SW(\tau)$。

4.3.2　仅绿色创新补贴

我们考虑监管者仅使用绿色创新补贴政策刺激垄断企业进行绿色创新的情况。其中，绿色创新投资成本分别随着绿色创新补贴和"干中学"效应的增长而降低，可用式（4－22）描述：

$$C(y(t), A(t)) = \alpha y^2(t) - \beta A(t) - \omega y(t) \qquad (4-22)$$

在式（4－22）中，$\omega > 0$ 是补贴率，垄断企业的问题是在给定的补贴率下选择最优的产出水平和创新投资水平，以最大化式（4－23）：

$$\max_{y,q} \int_0^{+\infty} e^{-\rho t} \{ [a - c - q(t)] q(t) - \alpha y^2(t) + \beta A(t) + \omega y(t) \} dt$$

$$\text{s. t.} \begin{cases} \dot{x}(t) = q(t) - y(t) - \delta x(t) - \eta A(t) \\ \dot{A}(t) = \mu y(t) - \gamma A(t) \end{cases} \qquad (4-23)$$

式（4－23）的当前值汉密尔顿函数可以表示为：

$$\begin{aligned} H(x, A, y, q) = & [a - c - q(t)] q(t) - \alpha y^2(t) + \beta A(t) + \omega y(t) \\ & + \lambda_3(t) [q(t) - y(t) - \delta x(t) - \eta A(t)] \\ & + \lambda_4(t) [\mu y(t) - \gamma A(t)] \end{aligned} \qquad (4-24)$$

在式（4－24）中，$\lambda_3(t)$ 和 $\lambda_4(t)$ 是动态共状态变量。

从一阶条件、共状态条件和约束条件，获得以下动态微分系统：

$$\begin{cases} \dot{x}(t) = q(t) - y(t) - \delta x(t) - \eta A(t) \\ \dot{A}(t) = \mu y(t) - \gamma A(t) \\ \dot{y}(t) = \dfrac{2\alpha(\rho + \delta - \mu\eta) y(t) + \mu(\gamma - \delta + \mu\eta) \lambda_4(t) - \mu\beta - \omega(\rho + \delta - \mu\eta - 1)}{2\alpha} \\ \dot{q}(t) = \dfrac{a - c + (\rho + \delta)[2q(t) + c - a]}{2} \\ \dot{\lambda}_3(t) = (\rho + \delta) \lambda_3(t) \\ \dot{\lambda}_4(t) = \eta \lambda_3(t) + (\rho + \gamma) \lambda_4(t) - \beta \end{cases} \qquad (4-25)$$

求解稳态均衡解并用上标"~"表示，可以获得：

$$\tilde{q} = \frac{c - a + (\rho + \delta)(a - c)}{2(\rho + \delta)} \qquad (4-26)$$

$$\tilde{y} = \frac{\mu\beta(\rho + \gamma) + \omega(\rho + \gamma)(\rho + \delta - \mu\eta - 1) - \mu\beta(\gamma - \delta + \mu\eta)}{2\alpha(\rho + \gamma)(\rho + \delta - \mu\eta)}$$

$$(4-27)$$

$$\tilde{A} = \frac{\mu \tilde{y}}{\gamma} = \frac{\mu^2 \beta (\rho + \gamma) + \mu \omega (\rho + \gamma)(\rho + \delta - \mu \eta - 1) - \mu^2 \beta (\gamma - \delta + \mu \eta)}{2\alpha \gamma (\rho + \gamma)(\rho + \delta - \mu \eta)}$$

$$(4-28)$$

$$\tilde{x} = \frac{\tilde{q} - \tilde{y} - \eta \tilde{A}}{\delta} \qquad (4-29)$$

提出命题 4-2:

命题 4-2: 稳态均衡 $\{\tilde{q}, \tilde{y}, \tilde{x}, \tilde{A}, \tilde{\lambda}_3, \tilde{\lambda}_4\}$ 是鞍点均衡。

命题 4-2 的证明, 见附录 4-3。

接下来, 求解能使监管机构实现最大社会福利目标的最优绿色创新补贴率 ω^*。为了最大限度地提高社会福利, 监管机构设置了 ω 以最大化式 (4-30):

$$SW = aq(\omega) - \frac{1}{2} q^2(\omega) - cq(\omega) - \alpha y^2(\omega) + \beta A(\omega) - sx^2(\omega)$$

$$(4-30)$$

根据必要条件 $\partial SW(\omega) / \partial \omega = 0$, 获得最佳绿色创新补贴率 ω^*:

$$\omega^* = \frac{\Upsilon}{2[\alpha + s(\gamma + \mu \eta)^2][(\rho + \gamma)(\rho + \delta)(\rho + \delta - \mu \eta - 1)]^2}$$

$$(4-31)$$

在式 (4-31) 中,

$$\begin{aligned}
\Upsilon = & 2\alpha \gamma \delta \mu \beta [(\rho + \gamma)(\rho + \delta)(\rho + \delta - \mu \eta - 1)]^2 - 2\alpha \mu \beta (\rho + \gamma) \\
& (\rho + \delta)^2 (\rho + \delta - \mu \eta)(\rho + \delta - \mu \eta - 1) + 2s(\gamma + \mu \eta)(\rho + \gamma) \\
& (\rho + \delta)(\rho + \delta - \mu \eta - 1)[\alpha \gamma (a - c)(\rho + \gamma)(\rho + \delta - 1)(\rho + \delta - \mu \eta) \\
& - \mu \beta (\rho + \delta)(\gamma + \eta \mu)(\gamma - \delta + \mu \eta)] - 2s\mu \beta [(\gamma + \mu \eta)(\rho + \gamma) \\
& (\rho + \delta)]^2 (\rho + \delta - \mu \eta - 1)
\end{aligned}$$

通过附录 4-4, 我们证明了二阶条件 $\partial SW^2(\omega) / \partial \omega^2 < 0$ 成立。因此, 式 (4-31) 最大化 SW (ω)。

4.3.3 联合税收补贴机制

考察监管机构采用联合税收补贴机制刺激绿色创新的情况。在这种情况下, 垄断企业的最优控制问题为:

$$\max_{y, q} \int_0^{+\infty} e^{-\rho t} \{[a - c - q(t)]q(t) - \alpha y^2(t) + \beta A(t) - \tau x(t) + \omega y(t)\} dt$$

$$\text{s. t. } \dot{x}(t) = q(t) - y(t) - \delta x(t) - \eta A(t)$$

$$\dot{A}(t) = \mu y(t) - \gamma A(t) \tag{4-32}$$

最优控制问题式（4-33）的当前值汉密尔顿函数：

$$
\begin{aligned}
H(x, A, y, q) = & [a - c - q(t)] q(t) - \alpha y^2(t) + \beta A(t) - \tau x(t) \\
& + \omega y(t) + \lambda_5(t) [q(t) - y(t) - \delta x(t) - \eta A(t)] \\
& + \lambda_6(t) [\mu y(t) - \gamma A(t)]
\end{aligned} \tag{4-33}
$$

在式（4-33）中，$\lambda_5(t)$ 和 $\lambda_6(t)$ 是分别与 $\dot{x}(t)$ 和 $\dot{A}(t)$ 联系的动态共状态变量。

通过当前值汉密尔顿函数式（4-34）的一阶条件，共态条件和约束条件得到动态微分系统式（4-35）。

$$
\begin{cases}
\dot{x}(t) = q(t) - y(t) - \delta x(t) - \eta A(t) \\
\dot{A}(t) = \mu y(t) - \gamma A(t) \\
\dot{y}(t) = \dfrac{\mu(\mu\eta - \delta + \gamma)\lambda_6(t) + \omega(\mu\eta - \rho - \delta) - 2\alpha(\mu\eta - \rho - \delta)y(t) + \omega - \tau - \mu\beta}{2\alpha} \\
\dot{q}(t) = \dfrac{(a - c)(1 - \rho - \delta) + 2(\rho + \delta)q(t) + \tau}{2} \\
\dot{\lambda}_5(t) = (\rho + \delta)\lambda_5(t) + \tau \\
\dot{\lambda}_6(t) = \eta\lambda_5(t) + (\rho + \gamma)\lambda_6(t) - \beta
\end{cases} \tag{4-34}
$$

求解动态微分系统式（4-34）的稳态均衡解，并用上标"$\cdots$"标识得出：

$$\overset{\cdots}{q} = \frac{(a - c)(\rho + \delta - 1) - \tau}{2(\rho + \delta)} \tag{4-35}$$

$$\overset{\cdots}{y} = \frac{\mu(\mu\eta - \delta + \gamma)[\beta(\rho + \delta) + \eta\tau] + (\rho + \delta)(\rho + \gamma)}{[\omega(\mu\eta - \rho - \delta + 1) - \tau - \mu\beta]}{2\alpha(\rho + \delta)(\rho + \gamma)(\mu\eta - \rho - \delta)} \tag{4-36}$$

$$\overset{\cdots}{A} = \frac{\mu\overset{\cdots}{y}}{\gamma} = \frac{\mu^2(\mu\eta - \delta + \gamma)[\beta(\rho + \delta) + \eta\tau] + \mu(\rho + \delta)(\rho + \gamma)}{[\omega(\mu\eta - \rho - \delta + 1) - \tau - \mu\beta]}{2\alpha\gamma(\rho + \delta)(\rho + \gamma)(\mu\eta - \rho - \delta)} \tag{4-37}$$

$$\overset{\cdots}{x} = \frac{\gamma\overset{\cdots}{q} - (\gamma + \eta\mu)\overset{\cdots}{y}}{\gamma\delta} \tag{4-38}$$

将命题 4-3 证明为稳态均衡 $\{\overset{\cdots}{q}, \overset{\cdots}{y}, \overset{\cdots}{x}, \overset{\cdots}{A}, \lambda_5, \lambda_6\}$ 的稳定性。

命题 4 – 3：稳态均衡 $\{\overset{\cdot\cdot\cdot}{q},\ \overset{\cdot\cdot\cdot}{y},\ \overset{\cdot\cdot\cdot}{x},\ \overset{\cdot\cdot}{A},\ \overset{\cdot\cdot}{\lambda_5},\ \overset{\cdot\cdot}{\lambda_6}\}$ 是鞍点均衡。

我们在附录 4 – 5 中提供命题 4 – 3 的证明。

通过式（4 – 39）可以求解监管者的联合最优污染率 τ^* 和最优补贴率 ω^*，以最大化社会福利。

$$SW = aq(\omega,\tau) - \frac{1}{2}q^2(\omega,\tau) - cq(\omega,\tau) - \alpha y^2(\omega,\tau) + \beta A(\omega,\tau) - sx^2(\omega,\tau)$$

$$(4 - 39)$$

根据 $\partial SW(\tau,\ \omega)/\partial\tau = 0$ 和 $\partial SW(\tau,\ \omega)/\partial\omega = 0$ 的必要条件，得出最优排放率 τ^* 和最优补贴率 ω^*。

$$\tau^* = \frac{\begin{array}{l}(A_1 - 2sG_1G_1)\big[(a-c)A_2D_1 - A_2F_2 - 2\alpha B_2N_2 + \beta C_2D_1 - \\ 2sE_2F_1\big] - 2(\alpha B_2K_2 + sE_2G_1)(2sF_1G_1 - C_1 - D_1E_1)\end{array}}{\begin{array}{l}\big[(A_1 - 2sG_1G_1)(A_2G_2 + 2\alpha B_2L_2 + 2sE_2K_1) \\ + 2(2sG_1K_1 - B_1)(\alpha B_2K_2 + sE_2G_1)\big]\end{array}}$$

$$(4 - 40)$$

$$\omega^* = \frac{\tau^*(2sG_1K_1 - B_1) + 2sF_1G_1 - C_1 - D_1E_1}{(A_1 - 2sG_1G_1)} \qquad (4 - 41)$$

在式（4 – 40）、式（4 – 41）中，$A_1 = -2\alpha\big[\gamma\delta(\rho+\delta)(\rho+\gamma)(\mu\eta-\rho-\delta+1)\big]^2$，$B_1 = -2\alpha(\gamma\delta)^2(\rho+\delta)(\rho+\gamma)(\mu\eta-\rho-\delta+1)[\mu\eta(\mu\eta-\delta+\gamma)-(\rho+\delta)(\rho+\gamma)]$，$C_1 = -2\alpha\mu\beta(\gamma\delta)^2(\rho+\delta)^2(\mu\eta-\delta-\rho)(\rho+\gamma)(\mu\eta-\rho-\delta+1)$，$D_1 = 2\alpha\gamma\delta(\rho+\delta)(\rho+\gamma)(\mu\eta-\rho-\delta)$，$E_1 = \mu\beta\delta(\rho+\delta)(\rho+\gamma)(\mu\eta-\rho-\delta+1)$，$F_1 = \alpha\gamma(a-c)(\rho+\gamma)(\mu\eta-\rho-\delta)(\rho+\delta-1) - \mu\beta(\rho+\delta)(\gamma+\eta\mu)(\rho-\mu\eta+\delta)$，$G_1 = -(\rho+\delta)(\rho+\gamma)(\gamma+\eta\mu)(\mu\eta-\rho-\delta+1)$，$K_1 = (\gamma+\eta\mu)\big[(\rho+\delta)(\rho+\gamma)-\mu\eta(\mu\eta-\delta+\gamma)\big] - \alpha\gamma(\rho+\gamma)(\mu\eta-\rho-\delta)$，$A_2 = -\alpha\gamma\delta(\rho+\gamma)(\mu\eta-\rho-\delta)$，$B_2 = \mu\eta\gamma\delta(\mu\eta-\delta+\gamma) - \gamma\delta(\rho+\delta)(\rho+\gamma)$，$C_2 = \mu^2\eta\delta(\mu\eta-\delta+\gamma) - \mu\delta(\rho+\delta)(\rho+\gamma)$，$E_2 = (\gamma+\eta\mu)\big[(\rho+\delta)(\rho+\gamma)-\mu\eta(\mu\eta-\delta+\gamma)\big] - \alpha\gamma(\rho+\gamma)(\mu\eta-\rho-\delta)$，$F_2 = \alpha\gamma\delta(a-c)(\rho+\delta-1)(\rho+\gamma)(\mu\eta-\rho-\delta)$，$G_2 = -\alpha\gamma\delta(\rho+\gamma)(\mu\eta-\rho-\delta)$，$K_2 = \gamma\delta(\rho+\delta)(\rho+\gamma)(\mu\eta-\rho-\delta+1)$，

$L_2 = \gamma\delta\left[\eta\mu(\mu\eta - \delta + \gamma) - (\rho + \delta)(\rho + \gamma)\right],$

$N_2 = \gamma\delta\mu\beta(\rho + \delta)\left[\mu\eta - \delta - \rho\right]$

在附录 4 - 4 中，我们证明了二阶条件 $\partial SW^2(\tau, \omega)/\partial\tau^2 < 0$，$\partial SW^2$ $(\tau, \omega)/\partial\omega^2 < 0$ 成立。因此，式（4 - 31）和式（4 - 32）最大化 $SW(\tau, \omega)$。

4.4　数值分析和政策含义

本章已经分别获得了"仅排放税""仅绿色创新补贴"以及"联合税收补贴机制"三种情况下的博弈均衡解，再通过一些数值示例来研究政策含义。为此，先设置如表 4 - 1 所示的基本参数值。

表 4 - 1　　　　　　　　　数值示例中使用的基本参数

s	γ	a	α	β	μ	η	δ	ρ	c
1.25	0.01	1000	1	0.05	0.1	0.05	0.05	0.05	20

接下来，使用图 4 - 1 ~ 图 4 - 4 显示"仅排放税"的政策效果。

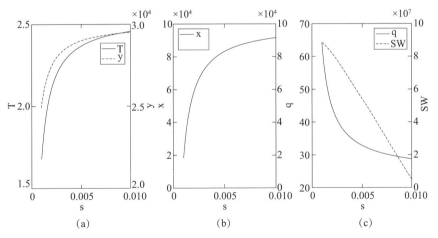

图 4 - 1　在"仅排放税"的情况下，最优税率、绿色创新投资、
产出水平以及相应的排放量和社会福利随损害
参数 s 变化的演变轨迹

资料来源：笔者根据公式计算及 MATLAB 软件作图的结果整理绘制而得。

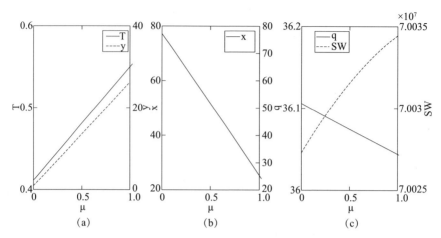

图 4-2 在"仅排放税"的情况下，最优税率、绿色创新投资、产出水平以及相应的排放量和社会福利随知识积累的学习率 μ 变化的演变轨迹

资料来源：笔者根据公式计算及 MATLAB 软件作图的结果整理绘制而得。

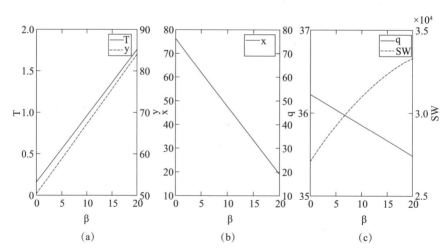

图 4-3 在"仅排放税"的情况下，最优税率、绿色创新投资、产出水平以及相应的排放量和社会福利随知识积累对投资成本的影响率 β 变化的演变轨迹

资料来源：笔者根据公式计算及 MATLAB 软件作图的结果整理绘制而得。

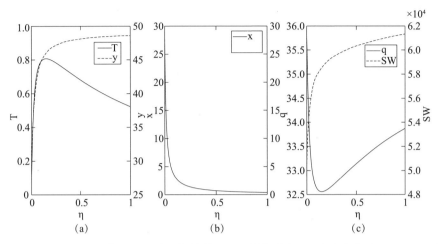

**图 4 - 4　在"仅排放税"的情况下，最优税率、绿色创新投资、
产出水平以及相应的排放量和社会福利随知识积累对投资
效率的影响率 η 变化的演变轨迹**

资料来源：笔者根据公式计算及 MATLAB 软件作图的结果整理绘制而得。

从图 4 - 1 ~ 图 4 - 4 中可以看出，在"仅排放税"的情况下，
（1）最优排放税率分别随损害参数 s、知识积累的学习率 μ 和知识积累
对投资成本的影响率 β 增加而增加。但是，最优排放税率与知识积累对
投资效率的影响率 η 之间的关系呈倒"U"形。（2）最优绿色创新投
资分别随着损害参数 s、知识积累的学习率 μ、知识积累对投资成本的
影响率 β 和知识积累对投资效率的影响率 η 增加而增加。（3）排放量
随损害参数 s 增加而增加，随知识积累的学习率 μ、知识积累对投资成
本的影响率 β 和知识积累对投资效率的影响率 η 增加而降低。（4）最
优产出水平随损害参数 s、知识积累的学习率 μ 和知识积累对投资成本
的影响率 β 增加而降低。此外，当知识积累对投资效率的影响率 η 从 0
增加到 1 时，最佳产出水平显示为"U"形。（5）社会福利随着损害
参数 s 的增加而减少，随知识积累的学习率 μ、知识积累对投资成本
的影响率 β 和知识积累对投资效率的影响率 η 增加而增加。这些发现
表明：（1）排放税可以有效地鼓励企业投资绿色创新；（2）绿色创
新投资中的知识积累对增加绿色创新投资、减少排放和增加社会福利
具有重要影响。

图 4 – 5 ~ 图 4 – 8 展示了"仅绿色创新补贴"的情况。

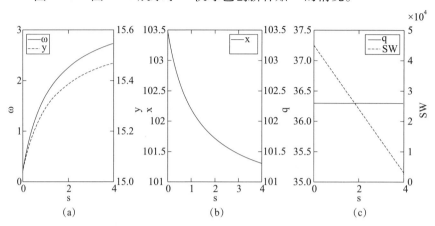

(a)　　　　　　　(b)　　　　　　　(c)

图 4 – 5　在"仅绿色创新补贴"的情况下,最优绿色创新补贴率、
绿色创新投资、产出水平以及相应的排放量和社会福利随
损害参数 s 变化的演变轨迹

资料来源: 笔者根据公式计算及 MATLAB 软件作图的结果整理绘制而得。

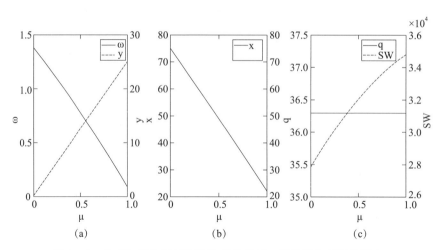

(a)　　　　　　　(b)　　　　　　　(c)

图 4 – 6　在"仅绿色创新补贴"的情况下,最优绿色创新补贴率、
绿色创新投资、产出水平以及相应的排放量和社会福利随
知识积累的学习率 μ 变化的演变轨迹

资料来源: 笔者根据公式计算及 MATLAB 软件作图的结果整理绘制而得。

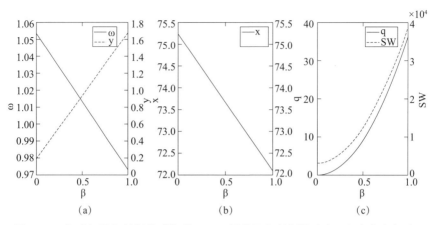

图 4 - 7　在"仅绿色创新补贴"情况下，最优绿色创新补贴率、绿色创新投资、产出水平以及相应的排放量和社会福利随知识积累对投资成本的影响率 β 变化的演变轨迹

资料来源：笔者根据公式计算及 MATLAB 软件作图的结果整理绘制而得。

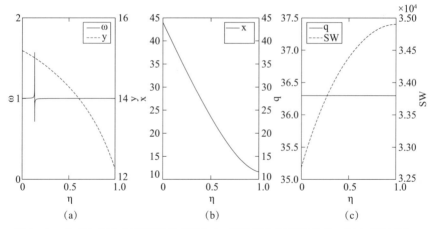

图 4 - 8　在"仅绿色创新补贴"情况下，最优绿色创新补贴率、绿色创新投资、产出水平以及相应的排放量和社会福利随知识积累对投资效率的影响率 η 变化的演变轨迹

资料来源：笔者根据公式计算及 MATLAB 软件作图的结果整理绘制而得。

　　从图 4 - 5 ~ 图 4 - 8 中我们可以看到，一是绿色创新补贴在刺激绿色创新方面可以发挥重要作用。例如，图 4 - 5 显示，当损害参数增加时，绿色创新补贴率增加，这将同步拉动绿色创新投资。二是绿色创新投资中的知识积累在增加绿色创新投资、减少污染排放和增加社会福利方面发挥着重要作用。

联合税收补贴机制的政策效果，如图 4 - 9 ~ 图 4 - 12 所示。

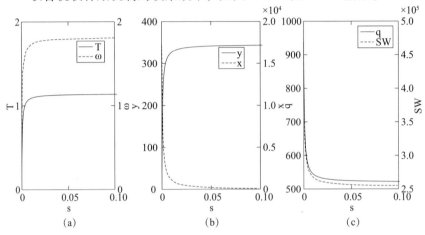

图 4 - 9　在联合税收补贴机制下，最优排放税率、绿色创新补贴率、
绿色创新投资、产出水平以及相应的排放量和
社会福利随损害参数 s 变化的演变轨迹

资料来源：笔者根据公式计算及 MATLAB 软件作图的结果整理绘制而得。

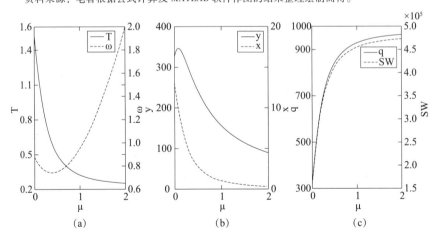

图 4 - 10　在联合税收补贴机制下，最优排放税率、绿色创新补贴率、
绿色创新投资、产出水平以及相应的排放量和社会福利随
知识积累的学习率 μ 变化的演变轨迹

资料来源：笔者根据公式计算及 MATLAB 软件作图的结果整理绘制而得。

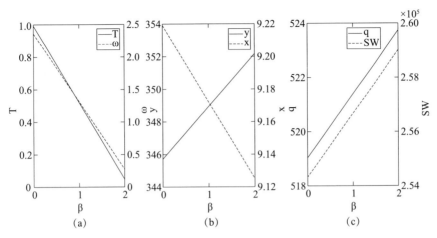

图 4 - 11 在联合税收补贴机制下，最优排放税率、绿色创新补贴率、
绿色创新投资、产出水平以及相应的排放量和社会福利随
知识积累对投资成本的影响率 β 变化的演变轨迹

资料来源：笔者根据公式计算及 MATLAB 软件作图的结果整理绘制而得。

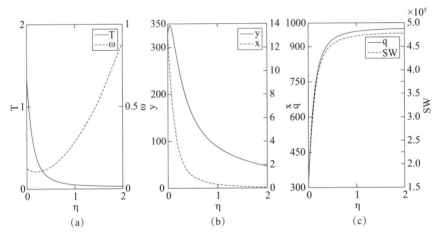

图 4 - 12 在联合税收补贴机制下，最优排放税率、绿色创新补贴率、
绿色创新投资、产出水平以及相应的排放量和社会福利随知识积累
对投资效率的影响率 η 变化的演变轨迹

资料来源：笔者根据公式计算及 MATLAB 软件作图的结果整理绘制而得。

从图 4 - 9 ~ 图 4 - 12 可以看到，一是最优排放税率和绿色创新补贴
可以在刺激绿色创新方面发挥重要作用。例如，图 4 - 9 表明，当损害

参数增加时，最优排放税率和绿色创新补贴率增加，这将同步拉动绿色创新投资，并导致排放量减少。二是绿色创新投资中的知识积累，在减少排放和增加社会福利方面发挥着重要作用。

在上述三项政策中，哪项政策将导致对绿色创新的最大投资？哪项政策将导致最高水平的社会福利？这些问题的答案，将在图4-13~图4-18中显示。

图4-13~图4-15的主要目的是，比较上述三种政策下的社会福利水平。从图4-13~图4-15中可以看出，联合税收补贴机制可以带来最高水平的社会福利；"仅排放税"政策可以带来次高的社会福利水平；在"仅绿色创新补贴"政策下，社会福利水平最低。另外，图4-13~图4-15显示，当边际损害参数和绿色创新投资的成本系数分别上升时，与"仅绿色创新补贴"的情况相比，联合税收补贴机制和"仅排放税"政策可以维持较高的社会福利水平。图4-14显示，随着知识积累学习率μ的提高，"仅排放税"政策可以导致接近于由联合税收补贴机制导致的社会福利。

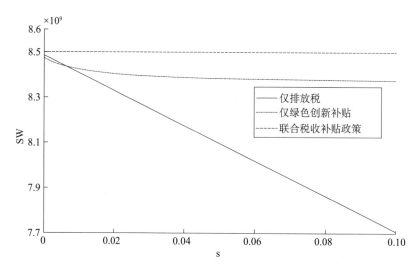

**图4-13 在"仅排放税""仅绿色创新补贴"和联合税收补贴政策情况下，
社会福利的最高水平随损害参数 s 变化的演变轨迹**

资料来源：笔者根据公式计算及 MATLAB 软件作图的结果整理绘制而得。

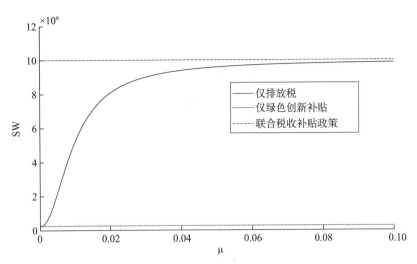

图 4 – 14　在"仅排放税""仅绿色创新补贴"和联合税收补贴政策下，
最大社会福利水平随知识积累学习率 **μ** 变化的演变轨迹

资料来源：笔者根据公式计算及 MATLAB 软件作图的结果整理绘制而得。

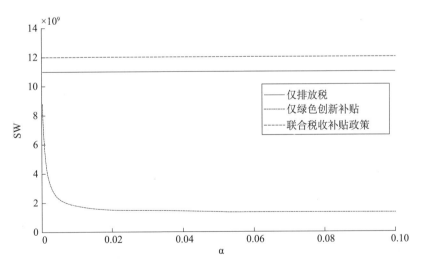

图 4 – 15　在"仅排放税""仅绿色创新补贴"和联合税收补贴政策下，
最大社会福利水平随绿色创新投资成本系数 **α** 变化的演变轨迹

资料来源：笔者根据公式计算及 MATLAB 软件作图的结果整理绘制而得。

接下来，用图 4 – 16 ~ 图 4 – 18 比较绿色创新水平。图 4 – 16 ~ 图 4 – 18

显示，在上述三种情况下，绿色创新投资的损害参数 s，知识积累的学习率 μ 和绿色创新投资的成本系数 α 分别从 0 变为 0.1，最高水平的绿色创新投资由"排放税和绿色创新补贴"政策实行所致。次高的绿色创新投资水平由"仅绿色创新补贴"政策主导，但并不比"仅排放税"政策导致的水平高很多。此外，从图 4 - 18 中可以看出，当分别执行上述三种政策时，绿色创新投资的成本系数的增加将导致投资水平的降低。特别是在监管机构执行"仅排放税"政策情况下，过高的投资成本将迫使垄断企业放弃绿色创新投资。

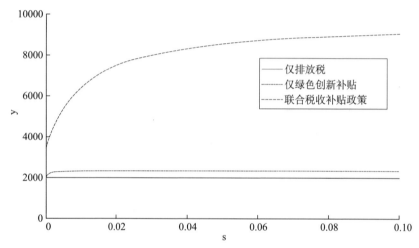

图 4 - 16 在"仅排放税""仅绿色创新补贴"和联合税收补贴政策下，
绿色创新投资的最高水平随损害参数 s 变化的演变轨迹

资料来源：笔者根据公式计算及 MATLAB 软件作图的结果整理绘制而得。

4.5 结论

考虑在绿色创新过程中产生的效率改善型和成本降低型的"干中学"效应，本章建立了斯塔克尔伯格（Stackelberg）微分博弈模型，研究监管机构在抑制污染性垄断企业的联合最优的排放税率和绿色创新补贴率。先对"仅排放税"和"仅绿色创新补贴"两种情况进行分析，从而获得了最优的排放税率和最优的绿色创新补贴率。然后，以这两个

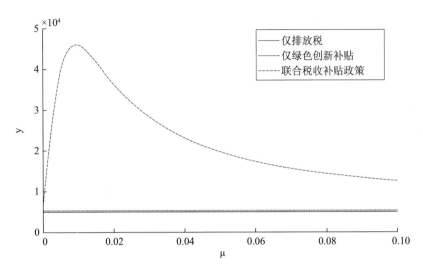

图 4－17　在"仅排放税""仅绿色创新补贴"和联合税收补贴政策下，
绿色创新投资的最高水平随知识积累的学习率 μ 变化的演变轨迹

资料来源：笔者根据公式计算及 MATLAB 软件作图的结果整理绘制而得。

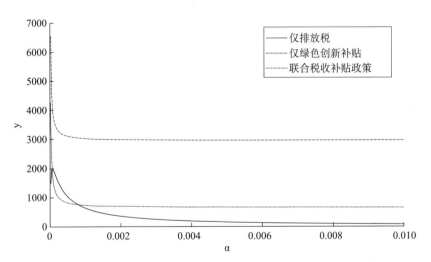

图 4－18　在"仅排放税""仅绿色创新补贴"和联合税收补贴政策下，
最大社会福利水平随绿色创新投资成本系数 α 变化的演变轨迹

资料来源：笔者根据公式计算及 MATLAB 软件作图的结果整理绘制而得。

案例为基准，研究联合税收补贴机制的案例，并获得联合最优排放税和绿色创新补贴率。发现了以下重要结论。

一是在"仅排放税""仅绿色创新补贴"和联合税收补贴机制三项政策中，可以导致福利水平由高到低的是联合税收补贴机制、"仅排放税"和"仅绿色创新补贴"。

二是上述三项政策中的每一项对绿色创新都有一定激励作用。此外，激励效果从高到低排序是联合税收补贴机制、"仅绿色创新补贴"和"仅排放税"。

三是当绿色创新投资的边际损害和成本系数分别上升时，联合税收补贴机制和"仅排放税"政策的实施可以维持较高的社会福利水平，但是，社会福利水平在"仅绿色创新补贴"情况下急剧下降。

四是"干中学"效应对绿色创新及社会福利具有重要影响。社会福利水平随着学习率、知识积累对投资成本的影响率和知识积累对投资效率影响率的提高而增加。随着学习率的提高，"只征收排放税"的政策可以带来与"排放税和绿色创新补贴"所产生的社会福利相近的社会福利水平。

五是当分别执行上述三项政策中的每项政策时，投资水平均随着绿色创新投资成本系数的增加而下降。特别是在监管机构执行"仅排放税"政策的情况下，过高的投资成本将迫使垄断企业放弃绿色创新投资。因此，在这种情况下，"仅排放税"政策对绿色创新的影响并不明显。

费池因格（Feichtinger，2016）、吉奥马尔·马丁-赫拉纳（Guiomar Martín-Herrána，2018）和魏（Wei，2019）分析了"仅排放税"的情况，并分别提出了最优的排放税率。在本章中，监管机构不仅可以使用排放税鼓励绿色创新，还可以使用绿色创新补贴政策来鼓励绿色创新。重要的是我们发现，与监管机构仅采用排放税政策相比，监管机构同时采用这两种政策时，污染性垄断企业会增加对绿色创新的投资。另外，揭示了同时实施排放税政策和补贴政策可以产生最高的社会福利。产生这些结果的原因是，在征收排放税时，污染性垄断企业可能会投资于绿色创新以减轻其税收负担。在此，排放税促进了污染性垄断企业的绿色创新。除了征收排放税以外，如果对污染垄断企业提供绿色创新补贴，还可以降低绿色创新的成本，并鼓励垄断企业增加对创新的投资。因此，对污染性垄断企业的绿色创新投资进行补贴可以推动绿色创新。显然，与仅使用一种政策（例如，"仅排放税"或"仅绿色创新补贴"）相比，同时使用这两种政策可获得更好的效果。

本章讨论了排放税和创新补贴对污染性垄断企业的影响。当企业从垄断企业变为寡头垄断企业时，其行为可能会发生变化，而寡头垄断企业相对更为普遍，博弈参与者的行为则更为复杂。这些行为应该是未来的研究方向。

附录 4 - 1

证明　命题 4 - 1

从动态系统式（4 - 17），我们可以获得以下雅可比矩阵：

$$J_1 = \frac{\partial[\dot{x}(t), \dot{A}(t), \dot{y}(t), \dot{q}(t)]}{\partial[x(t), A(t), y(t), q(t)]} = \begin{bmatrix} -\delta & -\eta & -1 & 0 \\ 0 & -\gamma & \mu & 0 \\ 0 & 0 & \rho + \delta - \mu\eta & 0 \\ 0 & 0 & 0 & \rho + \delta \end{bmatrix}$$

$$(4 - A1)$$

从式（4 - A1）中我们可以得出，$|\Phi E - J_1| = 0$。这意味着，雅可比矩阵 J_1 具有负特征根，例如，$\Phi_1 = -\delta$。因此，稳态点是鞍点均衡。

附录 4 - 2

证明 $\partial SW^2(\tau) / \partial\tau^2 < 0$

从式（4 - 22）中可得式（4 - A2）：

$$\frac{\partial SW}{\partial\tau} = aq'(\tau) - q(\tau)q'(\tau) - cq'(\tau) - 2\alpha y(\tau)y'(\tau) + \beta A'(\tau) - 2sx(\tau)x'(\tau)$$

$$(4 - A2)$$

从式（4 - 19）~ 式（4 - 21），我们得到：

$$q'(\tau) = -\frac{1}{2(\rho + \delta)}, \quad y'(\tau) = \frac{\mu\eta(\gamma + \mu\eta - \delta) - (\rho + \delta)(\rho + \gamma)}{2\alpha(\rho + \gamma)(\rho + \delta)(\mu\eta - \rho - \delta)}$$

$$A'(\tau) = \frac{\eta\mu^2(\gamma + \mu\eta - \delta) - \mu(\rho + \gamma)(\rho + \delta)}{2\alpha\gamma(\rho + \gamma)(\rho + \delta)(\mu\eta - \rho - \delta)}$$

$$x'(\tau) = \frac{\Psi}{2\alpha\gamma\delta(\rho+\gamma)(\rho+\delta)(\mu\eta-\rho-\delta)}$$

因此，我们很容易得到：

$$\frac{\partial^2 SW}{\partial\tau^2} = 0 - [q'(\tau)]^2 + 0 - 2\alpha[y'(\tau)]^2 + 0 - 2s[x'(\tau)]^2 < 0$$

$$(4-A3)$$

证明完毕。

附录 4-3

证明　命题 4-2

动态系统式（4-28）具有以下雅可比矩阵：

$$J_2 = \frac{\partial[\dot{x}(t),\dot{A}(t),\dot{y}(t),\dot{q}(t),\dot{\lambda}_1(t),\dot{\lambda}_2(t)]}{\partial[x(t),A(t),y(t),q(t),\lambda_1(t),\lambda_2(t)]}$$

$$= \begin{bmatrix} -\delta & -\eta & -1 & 1 & 0 & 0 \\ 0 & -\gamma & \mu & 0 & 0 & 0 \\ 0 & 0 & \rho+\delta-\mu\eta & 0 & 0 & \dfrac{\mu(\gamma-\delta+\mu\eta)}{2\alpha} \\ 0 & 0 & 0 & \rho+\delta & 0 & 0 \\ 0 & 0 & 0 & 0 & \rho+\delta & 0 \\ 0 & 0 & 0 & 0 & \eta & \rho+\gamma \end{bmatrix} \quad (4-A4)$$

从 $|\Phi E - J_2| = 0$，我们得到一个负特征根：$\Phi_1 = -\delta$。因此，稳态点是鞍点均衡。

证明完毕。

附录 4-4

证明 $\partial SW^2(\omega)/\partial\omega^2 < 0$

由式（4-33）可以获得式（4-A5）：

$$\frac{\partial SW}{\partial\omega} = aq'(\omega) - q(\omega)q'(\omega) - cq'(\omega) - 2\alpha y(\omega)y'(\omega) + \beta A'(\omega) - 2sx(\omega)x'(\omega)$$

$$(4-A5)$$

使用式（4-29）~式（4-32），我们得到：

$$q'(\omega) = 0, y'(\omega) = \frac{(\rho+\gamma)(\rho+\delta-\mu\eta-1)}{2\alpha(\rho+\gamma)(\rho+\delta-\mu\eta)}$$

$$A'(\omega) = \frac{\mu(\rho+\gamma)(\rho+\delta-\mu\eta-1)}{2\alpha\gamma(\rho+\gamma)(\rho+\delta-\mu\eta)}$$

$$x'(\omega) = \frac{-(\gamma+\mu\eta)(\rho+\gamma)(\rho+\delta)(\rho+\delta-\mu\eta-1)}{2\alpha\gamma\delta(\rho+\gamma)(\rho+\delta)(\rho+\delta-\mu\eta)}$$

因此，$\dfrac{\partial^2 SW}{\partial\omega^2} = -2\alpha\left[y'(\omega)\right]^2 - 2s\left[x'(\omega)\right]^2 < 0.$

证明完毕。

附录 4 - 5

证明　命题 4 - 3

该证明类似于附录 4 - 1 和附录 4 - 3，故将其省略。

附录 4 - 6

该证明类似于附录 4 - 2 和附录 4 - 4，故将其省略。

第5章　排污权交易对企业绿色创新的激励研究

排污权交易对企业绿色创新的激励研究。本章首先，建立排污企业与政府关于污染削减与排污权交易的斯塔克伯格（stackelberg）动态微分博弈模型；其次，利用微分博弈分析法，研究了排污企业的最优绿色创新投资策略及相应的污染削减策略，并以此为基础分析了政府通过排污权价格调控，引导排污企业进行污染削减以取得最大社会福利的政策机制设计问题；最后，采用数值分析考察了排污权交易的政策效果并提出了相关的政策建议。

5.1　引言

排污权交易（pollution rights trading）是指，在一定区域内，在污染物排放总量不超过允许排放量的前提下，内部各污染源之间通过货币交换的方式相互调剂排污量，从而达到减少排污量、保护环境的目的。其主要思想就是建立合法的污染物排放权利即排污权（这种权利通常以排污许可证的形式表现），并允许这种权利像商品那样被买入和卖出，以此进行污染物的排放控制。排污权交易包括政府与企业之间交易的一级市场及企业与企业之间交易的二级市场（郭默等，2017）。排污权交易，起源于美国。1968 年，美国经济学家戴尔斯（Dales）最先提出了排污权交易的理论，并被美国国家环保局（EPA）用于大气污染源及河流污染源管理。面对二氧化硫污染日益严重的现实，美国联邦环保局（EPA）为解决通过新建企业发展经济与环保之间的矛盾，在实现《清洁空气法》① 所规定的空气质量目标时提出了排污权交易的设想，引入了"排放减少信用"概念，并围绕排放减少信用从 1977 年开始先后制

---

① 薛恩同. 美国的清洁空气法. 北京法院网，2013 – 11 – 06.

定了一系列政策法规，允许不同工厂之间转让和交换排污削减量，这也为企业针对如何进行费用最小的污染削减提供了新的选择。而后，德国、英国、澳大利亚等相继实行了排污权交易实践。排污权交易是当前受到各国关注的环境经济政策之一。

20 世纪 90 年代，中国引入排污权交易制度，最初为了控制酸雨，2001 年 4 月，国家环境保护总局与美国环保协会签订《推动中国二氧化硫排放总量控制及排放权交易政策实施的研究》合作项目，随后，开展了"4 + 3 + 1 项目"。2001 年 9 月，在多方努力下，江苏省南通市顺利实施中国首例排污权交易。2007 年 11 月 10 日，国内第一个排污权交易中心在浙江省嘉兴市挂牌成立，标志着中国排污权交易逐步走向制度化、规范化、国际化。2014 年 8 月 6 日，中华人民共和国国务院出台了《国务院办公厅关于进一步推进排污权有偿使用和交易试点工作的指导意见》，意在发挥市场机制推进环境保护和污染物减排。《国务院办公厅关于进一步推进排污权有偿使用和交易试点工作的指导意见》指出，建立排污权有偿使用和交易制度，是中国环境资源领域一项重大的、基础性的机制创新和制度改革，是生态文明制度建设的重要内容。各地区政府、各有关部门应高度重视排污权有偿使用及交易制度的建设。①2015 年，财政部发布的《排污许可证买卖暂行办法》、国务院发布的《水污染防治行动计划》都强调要进一步探索地方排污权和潜在金融工具，推动排污权交易。2015 年 9 月中共中央、国务院印发《生态文明体制改革总体规划》也将排污权交易政策作为一项重要工具予以正式确立。2015 年 8 月 29 日第十二届全国人民代表大会常务委员会第十六次会议第二次修订，自 2016 年 1 月 1 日起施行的《中华人民共和国大气污染防治法》的第 21 条提到，国家将实施大气污染物的总量控制原则，推动重点大气污染物的排污权交易。2016 年 3 月，我国"十三五"规划明确提出建立排污许可证有偿使用和全国排污交易机制。②

迄今为止，中国排污权交易实践已经取得了显著成果。截至 2012

---

①　中国日报网. 关于进一步推进排污权有偿使用和交易试点工作的指导意见，2014 - 11 - 10.

②　袁另凤. 我国排污权交易发展历程及展望［J］. 合作经济与科技，2021（1）：76 - 77.

年年底，各碳排放交易区域均建立了省级或市级碳排放交易中心，并出台了碳排放交易管理办法。2007～2013 年，碳排放交易总量超过了 40 亿元。其中，浙江省是中国最成功的排污权交易区域，也是碳排放交易最成功的区域，截至 2014 年年底，共产生了 4366 笔排放交易，交易金额达到 8.52 亿元。自排污权交易在湖北省实施以来，共开展了 13 项二氧化硫、化学需氧量和其他四种污染物的排放交易活动，共交易排污权 4897.6 吨，交易额为 2652.5 万元。截至 2014 年 10 月底，重庆市已完成主要污染物排放交易 930 笔，营业额实现了 98882.7 万元。排污权交易地区的二氧化硫排放量也得到了显著下降，这说明排污权交易的实施不仅推动了排污权交易的市场活跃度，还在改善大气质量方面起到了显著作用。①

值得一提的是，当前中国的碳排放交易发展非常迅速。作为能源生产和消费大国，中国于 2015 年向《联合国气候变化框架公约》秘书处明确碳排放在 2030 年左右达到峰值并争取尽早实现。习近平于 2020 年在联合国大会上重申并强调中国将提高国家自主贡献力度并努力争取 2060 年前实现碳中和。为突破资源环境"瓶颈"制约、推进绿色低碳循环发展，国家发展改革委员会于 2011 年印发《关于开展碳排放权交易试点工作的通知》落实碳排放权交易试点工作方案，主要覆盖电力、石化等高耗能行业，并于 2017 年启动全国统一碳交易市场。截至 2019 年，碳交易市场纳入排放控制企业约 2900 多家，累计分配碳配额 62 亿吨，市场运行平稳。② 2021 年 7 月 16 日，经过前期紧锣密鼓的推进，备受瞩目的全国碳排放权交易市场正式上线。当天收盘，全国碳市场平均成交价超过每单 51 元人民币。到 7 月 23 日收盘，全国碳排放权交易市场已运行 6 个交易日，23 日的开盘价为 56.52 元/吨，收盘价为 56.97 元/吨。全国碳市场累计成交量达到 483.3 万吨，成交额近 2.5 亿元，其中，开市首日的成交额近 2.1 亿元，6 个交易日以来挂牌协议交

---

① 袁另凤. 我国排污权交易发展历程及展望 [J]. 合作经济与科技, 2021 (1): 76 – 77.
② 张彩江, 李章雯, 周雨. 碳排放权交易试点政策能否实现区域减排? [J]. 软科学, 2021 (10): 93 – 99.

易和大宗交易均有成交。① 碳排放交易市场设立后，将为中国转向"绿色经济"提供巨大的基建投资机遇，包括特高压输电网、智能电网和电动车充电站建设等。目前来看，中国电网灵活性偏低，风电和太阳能发电等可再生能源发电削减率较高。碳排放交易将带动相关企业运营成本下降，避免用电峰值的高额支出，刺激电力存储和电动车充电站等需求，将带来规模经济效益，进而促进新能源汽车的普及和对充电站需求的上升，形成良性循环。碳排放交易落地带来的不仅有助于节能减排的实现，对中国经济的转型升级也具有不小的助推作用，未来以新能源为主导的产业，将成为中国经济发展的重要驱动力。②

5.2 相关研究进展

自庇古（Pigou，1912）的外部性理论开始，经过几个时期发展，排污权交易理论日趋完善。

排污权交易本质上是将污染的外部性内部化的一种形式。英国经济学家庇古（Pigou）于 1912 年提出了外部性理论。在该理论中，庇古（Pigou，1912）通过分析边际私人净产值与边际社会净产值的背离来阐释外部性。该文献指出，边际私人净产值是指，个别企业在生产中追加一个单位生产要素所获得的产值，边际社会净产值是指，从全社会来看在生产中追加一个单位生产要素所增加的产值。如果每一种生产要素在生产中的边际私人净产值与边际社会净产值相等，它在各生产用途的边际社会净产值都相等，而产品价格等于边际成本时，就意味着资源配置达到最佳状态。但是，如果在边际私人净产值之外，其他人还得到利益，那么，边际社会净产值就大于边际私人净产值；反之，如果其他人受到损失，那么，边际社会净产值就小于边际私人净产值。庇古把生产者的某种生产活动带给社会的有利影响，叫作"边际社会收益"；把生产者的某种生产活动带给社会的不利影响，叫作"边际社会成本"。实

① 刘少华. 碳排放权交易，中国大步踏出自己的路 [J]. 人民周刊，2021（15）：61-63.
② 佚名. 碳排放交易落地助推中国经济转型 [N]. 第一财经日报，2021-6-24（A02）.

际上，外部性就是边际私人成本与边际社会成本、边际私人收益与边际社会收益的不一致。庇古（Pigou，1912）认为，可以通过补贴或征税的方式，实现环境的外部成本内部化。排污权交易理论的第二个重要贡献者是科斯（Coase）。科斯（Coase，1960）提出产权理论，该理论对排污权交易理论的出现具有重要影响，认为通过交换污染权，企业可以获得收益，并且，在交易成本为零或者足够小的情况下，终将实现资源配置的帕累托最优。戴尔斯（Dales，1968）在科斯产权概念的基础上，提出了排污权交易的具体操作措施，这些措施包括政府赋予企业排污权，允许企业在专门市场上进行排污权交易，最终使得排污权交易双方均实现自身成本最低而效益最高，不仅可以调动排污企业的积极性，同时可以实现保护环境的目标。伴随着社会对环境问题的愈发关注，排污权交易研究相应与日俱增，克罗克（Crocker，1968）认为，排污权交易是一种经济激励，当总量确定时，只要建立交易机制，市场将促进企业进行污染削减，如果其排污指标有剩余可以与排污指标不足的企业进行交易，从而获得经济利益。鲍莫尔和奥茨（Baumol and Oates，1976）验证排污权交易的可行性。该文献发现，在排污权交易市场上供求关系能够形成污染物的价格，并以此为基础，提出了排污许可证交易体系。蒙哥马利（Montgomery，1972）发现，排污权交易对于控制污染排放总量有积极影响，能够实现污染控制成本最小化。类似地，泰坦伯格（Tietenberg，1985）将排污权交易与命令—控制型政策相比较，发现排污权交易可以节约污染控制的成本。正是因为理论研究深入，使排污权交易能够应用于实践。1995年在美国开展的"酸雨计划"，就取得排污权交易政策运用的第一次巨大成功。

包括排污权交易在内的环境规制，被认为是企业进行绿色创新的外在动力。内斯塔（Nesta，2014）基于异质性竞争环境条件下，分析环境规制对于企业绿色技术创新的影响，其研究发现，环境政策能够有效地推动绿色技术创新。贾内特和马丁（Jaraite and Maria，2012）以24个欧盟国家的发电部门为研究对象，分析在1996~2007年它们实施排污权交易政策带来的技术创新影响。其研究结论表明，排污权交易政策正向影响企业技术创新。李海萍等（2015）分析了中国制造业实现企业绿色创新效益转换的两个制度条件——排污权交易制度和绿色会计核算体系，并指出这是中国政府绿色制度创新的重要问题。赵丽（2010）认为，与其他环境管理方式相比，排污权交易能够实现全社会污染治理成本最低，是解决外部性问题的较好方式。一方面，使企业排放污染物的负外部性内在化；另一方面，使绿色技术创新的正外部性内在化，给绿色技术创新提供了有效激励。齐绍洲等（2018）基于 1990 ~ 2010 年中国沪深股市上市公司绿色专利数据，运用三重差分方法，通过比较排污权交易试点政策实施前后、试点地区相对于非试点地区、污染行业相对于清洁行业，企业的绿色专利申请占比是否提升来检验政策对企业绿色创新的诱发作用。

　　排污权交易下的企业绿色创新行为，是学界关注的一个重要问题。李寿德和刘敏（2007）以厂商的污染物削减量和排污权交易参考价格为状态变量，以厂商的污染治理投资和排污权实际价格为控制变量，建立了排污权交易条件下厂商污染治理投资控制动态模型，并利用极大值原理和优化方法求出厂商的最优污染治理投资策略。易永锡和李寿德（2012）运用实物期权理论，建立了排污权交易、技术不确定性条件下厂商污染治理技术投资策略模型，并给出了厂商污染治理技术投资的最佳时机及价值函数。李寿德等（2013）分析了排污权交易条件下，双寡头垄断厂商在不同污染治理 R&D 投资合作模式下采取的污染治理 R&D 投资策略和产品策略，并从社会总剩余角度，评价了厂商不同的污染治理 R&D 投资合作模式对社会福利的影响。易永锡等（2013）建立了一个基于排污权交易的厂商污染治理技术投资模型，并运用最优控制理论和方法研究了不同情况下厂商污染治理技术投资的最优控制策略问题。刘升学等（2017）运用最优控制理论与方法，考察了两个相邻地区在排污权交易下的合作污染最优控制策略，并设计了一种激励合作的福利分配机制。李冬冬和杨晶玉（2015）研究了排污权交易条件下的最优减排研发补贴政策，分析了减排研发补贴政策对污染物减排、企业利润及社会福利的影响。问文等（2015）对排污权交易政策与企业环保投资战略选择进行了研究，发现排污权交易政策促使企业选择主动型和应对型环保投资战略。张文彬等（2015）将排污权交易企业分为购买者、让渡者和自足者三类，分别对三类在排污权交易制度调整前后两阶段的行为选择进行分析，随后，讨论了排污权交易制度稳定性对环境绩效的影响,结果表明,稳定的排污权交易制度有利于环境绩效的提升。

以上研究表明,排污权交易对企业绿色创新具有重要的影响。本章将从动态角度研究厂商的污染治理投资行为。建立在排污权交易条件下厂商的利润最大化动态最优控制模型,并通过模型分析,研究厂商的污染治理技术最优投资策略。以此为基础,分析政府在实施排污权交易政策中的最优政策设计问题。

5.3 博弈模型

假设有一个生产单一产品的垄断厂商。在时间 t,该厂商面对的需求函数为 $p(t) = a - q(t)$,其中,$a > 0$ 是保留价格,$q \in [0, a - c]$ 是产出水平。厂商的固定成本为零,产生的边际成本为 c,$c \in (0, a)$。不可避免地,该厂商的生产过程会排放污染物。假设其单位产量污染排放量 $b(t) \geq 0$,并有如下动态过程:

$$\dot{b}(t) = -k(t) + \eta b(t) \qquad (5-1)$$

在式 (5-1) 中,η 是大于零的常数。$k(t) \geq 0$ 代表厂商的污染削减投资水平。根据道格拉斯等 (Dragone et al., 2010) 的研究,假设单位污染削减投资需要花费的成本为:

$$\Gamma(t) = zk^2(t) \qquad (5-2)$$

在式 (5-2) 中,z 为大于零的常数。

由于生产过程中排放污染物到大气中,造成环境中的污染物不断积聚。假设环境中污染物存量 $S(t) \geq 0$,因污染排放和自然对污染物的分解两种力量而出现如下动态变化过程:

$$\dot{S}(t) = b(t)q(t) - \delta S(t) \qquad (5-3)$$

在式 (5-3) 中,$b(t)q(t)$ 是厂商新产生的污染物数量,$\delta > 0$ 表示生态环境自身对污染物的分解率。

为了促进厂商进行绿色技术投资以减少污染排放,政府采用排污权交易对厂商进行规制。政策规定,如果厂商所排放的污染物超过其所拥有的排污权指标,则需要到排污权交易市场上购买超出的部分;如果厂商所排放的污染物数量少于所拥有的排污权指标,则剩余的指标可以在排污权交易市场上卖出，从而获得排污权交易的收益。假定厂商拥有的初始排污权数量为 $e_0(t)$。

假设排污权市场是完全竞争的，厂商是排污权价格的接受者，接受的排污权价格为 $\tau(t)$。为了研究方便，在 5.4 节，把 $\tau(t)$ 当作一个常量。到 5.5 节，研究排污权价格 $\tau(t)$ 可以随时间变化的情况，所考虑的时期为 $[0, T]$。

厂商利润最大化问题表述如下：

$$\max_{q,k}\pi = \int_0^T e^{-rt}\{[a - c - q(t)]q(t) - zk^2(t)$$
$$- \tau(t)[b(t)q(t) - e_0(t)]\}dt$$

满足，

$$\dot{b}(t) = -k(t) + \eta b(t)$$
$$\dot{S}(t) = b(t)q(t) - \delta S(t)$$
$$b(0) = b_0 > 0, b(T) \geqslant 0$$
$$S(0) = S_0 \geqslant 0, S(T) \geqslant 0$$
$$b_0、S_0、T\ 给定 \qquad (5-4)$$

在式（5-4）中，污染物存量 $S(t)$、单位产品污染物排放量 $b(t)$ 是状态变量，产量 $q(t)$ 和污染削减投资 $k(t)$ 是控制变量。

5.4　厂商的最优化决策

分析式（5-4），得到如下现值汉密尔顿函数：

$$H = [a - c - q(t)]q(t) - zk^2(t) - \tau(t)[b(t)q(t) - e_0] + \lambda(t)$$
$$[-k(t) + \eta b(t)] + \mu(t)[b(t)q(t) - \delta S(t)] \qquad (5-5)$$

在式（5-5）中，$\lambda(t)$ 是与 $b(t)$ 相联系的共态变量，$\mu(t)$ 是与 $S(t)$ 相联系的共态变量。根据现值汉密尔顿函数式（5-5），厂商要取得最大利润，需要满足下列条件：

$$\frac{\partial H}{\partial k} = -2zk - \lambda = 0 \qquad (5-6)$$

$$\frac{\partial H}{\partial q} = a - c - 2q - (\tau - u)b = 0 \qquad (5-7)$$

$$\dot{b}(t) = -k(t) + \eta b(t) \tag{5-8}$$

$$\dot{S}(t) = \frac{\partial H}{\partial u} = b(t)q(t) - \delta S(t) \tag{5-9}$$

$$\dot{\lambda} = \rho\lambda - \frac{\partial H}{\partial b} = (\rho - \eta)\lambda + (\tau - \mu)q \tag{5-10}$$

$$\dot{\mu} = \rho\mu - \frac{\partial H}{\partial S} = (\rho + \delta)\mu \tag{5-11}$$

$$\lambda(T) = 0, \mu(T) = 0, b(0) = b_0 > 0, b(T) \geqslant 0, S(0) = S_0 \geqslant 0, S(T) \geqslant 0$$
$$b_0, S_0, T \text{ 给定} \tag{5-12}$$

式（5-6）、式（5-7）是厂商利润最大化的一阶条件；式（5-8）、式（5-9）是状态方程；式（5-10）、式（5-11）是共态方程；式（5-12）是横截条件。

由式（5-6）可得：

$$k(t) = -\frac{\lambda}{2z} \tag{5-13}$$

由式（5-7）可得：

$$q(t) = \frac{1}{2}(a - c - \tau b) \tag{5-14}$$

由式（5-11）可以得到 μ 的通解为 $\mu(t) = Ae^{(\rho+\delta)t}$，其中，A 是任意常数。把横截条件 $\mu(T) = 0$ 代入 μ 的通解，得 $\mu(T) = Ae^{(\rho+\delta)T} = 0$，因此，$A = 0$，因此，$\mu$ 的特解是 $\mu(t) = 0$。

把式（5-13）、式（5-14）及 μ 的特解，是 $\mu(t) = 0$ 分别代入式（5-8）、式（5-9）可得：

$$\dot{b} - \eta b - \frac{1}{2z}\lambda = 0 \tag{5-15}$$

$$\dot{\lambda} + \frac{1}{2}\beta^2 b - (\rho - \eta)\lambda = \frac{1}{2}\tau(a - c) \tag{5-16}$$

联立式（5-15）和式（5-16）解 b 和 λ。

设 $\dot{b}$ 和 $\dot{\lambda}$ 等于零，则特别积分为：

$$\bar{\lambda} = -\frac{2z\eta\tau(a-c)}{\beta^2 + 4z\eta(\rho - \eta)}, \bar{b} = \frac{\tau(a-c)}{\beta^2 + 4z\eta(\rho - \eta)}$$

接下来，求余函数：

令 $b = me^{rt}$，$\lambda = ne^{rt}$，代入 $\dot{\lambda} + \frac{1}{2}\tau^2 b - (\rho - \eta)\lambda = 0$ 和 $\dot{b} - \eta b - \frac{1}{2z}\lambda = 0$。可以得到式（5－17）：

$$\begin{pmatrix} r - \eta & -\dfrac{1}{2z} \\ \dfrac{1}{2}\tau^2 & r - \rho + \eta \end{pmatrix}\begin{pmatrix} m \\ n \end{pmatrix} = 0 \qquad (5-17)$$

为了得到 m 和 n 的非平凡解，需要令行列式的值

$$\begin{vmatrix} r - \eta & -\dfrac{1}{2z} \\ \dfrac{1}{2}\tau^2 & r - \rho + \eta \end{vmatrix} = 0，即：$$

$$r^2 - \rho r + \rho\eta + \frac{1}{4z}\tau^2 - \eta^2 = 0 \qquad (5-18)$$

需要分三种情况来讨论：

第一种情况：如果 $\rho^2 - 4\rho\eta - \dfrac{1}{z}\tau^2 + 4\eta^2 > 0$，式（5－18）两个不同

的实根：r_1，$r_2 = \dfrac{\rho \pm \sqrt{\rho^2 - 4\rho\eta - \dfrac{1}{z}\tau^2 + 4\eta^2}}{2}$。令 $\sqrt{\rho^2 - 4\rho\eta - \dfrac{1}{z}\tau^2 + 4\eta^2} = B$，则此时，$B > 0$。分别将 r_1，r_2 代入式（5－17）可得：

$$m_1 = \frac{1}{z(\rho + B - 2\eta)}n_1，m_2 = \frac{1}{z(\rho - B - 2\eta)}n_2 \qquad (5-19)$$

那么，余函数是：$b(t) = m_1 e^{r_1 t} + m_2 e^{r_2 t}$，$\lambda(t) = n_1 e^{r_1 t} + n_2 e^{r_2 t}$。

结合特别积分和余函数，求得 b 和 λ 的解是：

$$\begin{bmatrix} b(t)^* \\ \lambda(t)^* \end{bmatrix} = \begin{bmatrix} m_1 e^{r_1 t} + m_2 e^{r_2 t} + \bar{b} \\ n_1 e^{r_1 t} + n_2 e^{r_2 t} + \bar{\lambda} \end{bmatrix} \qquad (5-20)$$

将横截条件 $b(0) = b_0$，$\lambda(T) = 0$ 代入式（5－20），并结合式（5－19）可得：

$$\begin{cases} \dfrac{1}{z(\rho + B - 2\eta)}n_1 + \dfrac{1}{z(\rho - B - 2\eta)}n_2 + \bar{b} = b_0 \\ n_1 e^{r_1 T} + n_2 e^{r_2 t} + \bar{\lambda} = 0 \end{cases} \qquad (5-21)$$

求解式（5－21）可得：

$$n_1 = \frac{[z(b_0 - \bar{b})(\rho - B - 2\eta) + \bar{\lambda}e^{-r_2T}](\rho + B - 2\eta)}{(\rho - B - 2\eta) - e^{-BT}(\rho + B - 2\eta)}$$

$$n_2 = \frac{[z(b_0 - \bar{b})(\rho + B - 2\eta) + \bar{\lambda}e^{-r_1T}](\rho - B - 2\eta)}{(\rho + B - 2\eta) - e^{-BT}(\rho - B - 2\eta)}$$

把 n_1 和 n_2 代入式（5-19）得：

$$m_1 = \frac{[z(b_0 - \bar{b})(\rho - B - 2\eta) + \bar{\lambda}e^{-r_2T}]}{z[(\rho - B - 2\eta) - e^{-BT}(\rho + B - 2\eta)]}$$

$$m_2 = \frac{[z(b_0 - \bar{b})(\rho + B - 2\eta) + \bar{\lambda}e^{-r_1T}]}{z[(\rho + B - 2\eta) - e^{-BT}(\rho - B - 2\eta)]}$$

把式（5-20）代入式（5-13）和式（5-14），求得控制变量的最优值：

$$q(t)^* = \frac{1}{2}[a - c - \tau(m_1 e^{r_1t} + m_2 e^{r_2t} + \bar{b})]$$

$$k(t)^* = -\frac{n_1 e^{r_1t} + n_2 e^{r_2t} + \bar{\lambda}}{2z}$$

把求得的 $q(t)^*$、$b(t)^*$ 代入式（5-3）得：

$$\dot{S}(t) + \delta S(t) = b(t)^* q(t)^* \qquad (5-22)$$

式（5-22）的解是：$S(t)^* = A_1 e^{-\delta t} + \dfrac{b(t)^* q(t)^*}{\delta}$，其中，$A_1$ 为

任意常数，把 $t = 0$、b 及 S 的初始值代入，求得 $A_1 = \left(S_0 - \dfrac{b_0 q(0)^*}{\delta}\right)$，

从而得到 $S(t)^* = \left(S_0 - \dfrac{b_0 q(0)^*}{\delta}\right) e^{-\delta t} + \dfrac{b(t)^* q(t)^*}{\delta}$，其中，

$q(0)^* = \dfrac{[a - c - \tau(m_1 + m_2 + \bar{b})]}{2}$。

第二种情况：如果 $\rho^2 - 4\rho\eta - \dfrac{1}{z}\tau^2 + 4\eta^2 = 0$，则此时，$B = 0$，式

（5-18）有两个相同的实根：$r_3 = r_4 = \dfrac{\rho}{2}$，将其代入式（6-17）得：

$m = \dfrac{1}{z(\rho - 2\eta)} n$。令：

$$m_3 = \frac{1}{z(\rho - 2\eta)} n_3, \quad m_4 = \frac{1}{z(\rho - 2\eta)} n_4 \qquad (5-23)$$

在此种情况下，b 和 λ 的解是：

$$\begin{bmatrix} b(t)^* \\ \lambda(t)^* \end{bmatrix} = \begin{bmatrix} m_3 e^{r_3 t} + m_4 te^{r_4 t} + \bar{b} \\ n_3 e^{r_3 t} + n_4 te^{r_4 t} + \bar{\lambda} \end{bmatrix} \qquad (5-24)$$

把横截条件 b(0) = b_0、λ(T) = 0 代入式（5 – 24），结合式（5 – 23）计算可得：

$$n_3 = z(b_0 - \bar{b})(\rho - 2\eta)$$

$$n_4 = -\left[\bar{\lambda}e^{-\rho T/2} + z(b_0 - \bar{b})(\rho - 2\eta)\right]/T$$

把 n_3 和 n_4 代入式（5 – 23）可得：

$$m_3 = (b_0 - \bar{b}), m_4 = -\frac{\bar{\lambda}e^{-\rho T/2} + z(b_0 - \bar{b})(\rho - 2\eta)}{zT(\rho - 2\eta)}$$

将式（5 – 24）的 b(t)^*，λ(t)^* 代入式（5 – 13）、式（5 – 14），求得控制变量：

$$q(t)^* = \frac{1}{2}\left[a - c - \tau(m_3 e^{r_3 t} + m_4 te^{r_4 t} + \bar{b})\right]$$

$$k(t)^* = -\frac{n_3 e^{r_3 t} + n_4 te^{r_4 t} + \bar{\lambda}}{2z}$$

将在该种情况下，求得的 q(t)^*、b(t)^* 代入式（5 – 3）可得：

$$\dot{S}(t) + \delta S(t) = q(t)^* b(t) \qquad (5-25)$$

式（6 – 25）的解是：S(t)^* = A_2 e^{-\delta t} + \dfrac{q(t)^* b(t)^*}{\delta}，其中，A_2 为任意常数，把 t = 0、b 及 S 的初始值代入，求得 $A_2 = \left(S_0 - \dfrac{b_0 q(0)^*}{\delta}\right)$，从而得到第二种情况下的 S(t)^*：S(t)^* = $(S_0 - \dfrac{b_0 q(0)^*}{\delta})$ e^{-\delta t} + $\dfrac{q(t)^* b(t)^*}{\delta}$，其中，q(0)^* = $\dfrac{[a - c - \tau(m_3 + \bar{b})]}{2}$。

第三种情况：$\rho^2 - 4\rho\eta - \dfrac{1}{z}\tau^2 + 4\eta^2 < 0$，式（6 – 18）在实数范围内没有解，因此，不再深入讨论这种情况。

5.5　利润与福利

在厂商最优条件下，厂商的利润水平以及该情况下的消费者剩余、社会福利水平分别用 π^*、CS^*、SW^* 表示。

在 $[0, T]$ 时期，厂商的总利润可由式（5-26）表示。

$$\pi = \int_0^T e^{-rt} \{ [a - c - q(t)]q(t) - zk^2(t) $$
$$- \tau(t)[b(t)q(t) - e_0] \} dt \qquad (5-26)$$

分别把在第一种情况下和第二种情况下求得的控制变量 $q(t)$、$k(t)$ 以及状态变量 $b(t)$ 的最优值代入利润的一般表达式，分别得到在 $[0, T]$ 时间内在两种情况下厂商的最大总利润是：

$$\pi^* = \int_0^T e^{-rt} \{ [a - c - q(t)^*]q(t)^* - zk^2(t)^* $$
$$- \tau(t)[b(t)^* q(t)^* - e_0] \} dt \qquad (5-27)$$

t 时消费者剩余可以通过式（5-28）求得。

$$CS(t)^* = \int_0^{q^*} (a - c - q) dq - (a - c - q^*)q^* $$
$$= \frac{1}{2}(q^*)^2 \qquad (5-28)$$

把第一种情况下、第二种情况下的最优产量分别代入式（5-28），求得两种情况下的消费者剩余为 $CS^* = \dfrac{1}{2}\int_0^T (q(t)^*)^2 dt$。

根据道格拉斯等（Dragone et al., 2010）的研究，社会福利是厂商利润、消费者剩余以及污染的负效用之和，即 $SW^* = \pi^* + CS^* - \gamma S^*$，其中，$\gamma$ 表示单位污染物对社会福利的影响，也可以认为是人们对污染的厌恶程度。分别把第一种情况下的控制变量和第二种情况下的控制变量 $q(t)$、$k(t)$ 以及状态变量 $b(t)$、$S(t)$ 的最优值代入 SW^*，那么，在第一种情况下、第二种情况下的社会福利水平为：

$$SW^* = \int_0^T \{ [(a - c - q(t)^*)q(t)^* - zk^2(t)^* - \tau(t)(b(t)^* $$
$$q(t)^* - e_0) + \frac{1}{2}(q(t)^*)^2]e^{-rt} - \gamma S(t)^* \} dt \qquad (5-29)$$

需要说明的是，在式（5-29）中，把厂商的利润和消费者剩余都进行了折现，意味着，厂商对现在的利润比对将来的利润赋予更大的权重，消费者相对于未来的状态改善而言，更喜欢现在状态的改善。但是，没有对污染的影响进行折现，意味着人们对现在污染和未来污染的反映没有差异。

5.6　对排污权交易价格的调控

在以上研究中,一直把排污权价格当成一个不变的外生变量。然而,由于在排污权交易市场上,排污权的需求与供给是经常变化的,这将导致排污权价格的变化成为常态。与此同时,政府环境管理部门也可以通过对排污权初始分配数量的控制调节排污权价格来引导厂商进行污染削减,使厂商的实际污染削减水平达到社会最优的削减水平。

在其他条件不变的情况下,如果排污权的初始供给减少,将导致排污权价格上升;如果初始供给增多,则排污权价格将下降。假定当前的污染存量水平是合意的,那么,政府环境管理表明的环境政策的目标,就是使污染存量水平保持在当前的状况。即通过排污权的初始分配数量的调节使 $\frac{dS}{dt}=0$。那么,在厂商利润最大化的同时达到政府目标的排污权价格是多少? 这是接下来将讨论的问题。

在第一种情况,即 $\rho^2 - 4\rho\eta - \frac{1}{z}\tau^2 + 4\eta^2 > 0$ 时,厂商利润最大化时的污染水平是 $S(t)^* = (S_0 - \frac{b_0 q(0)^*}{\delta})e^{-\delta t} + \frac{b(t)^* q(t)^*}{\delta}$,将该种情况下的 $b(t)^*$、$q(t)^*$ 以及 $t=0$ 时的最优产量 $q(q(0)^*)$ 代入得:

$$S(t)^* = \left(S_0 + \frac{b_0 [a - c - \tau(m_1 + m_2 + \bar{b})]}{2\delta}\right)e^{\delta t}$$
$$- \frac{(m_1 e^{r_1 t} + m_2 e^{r_2 t} + \bar{b})[a - c - \tau(m_1 e^{r_1 t} + m_2 e^{r_2 t} + \bar{b})]}{2\delta}$$

$$(5-30)$$

将式 (5-30) 对时间 t 求导数,并令其等于 0:

$$\frac{dS(t)^*}{dt} = \frac{1}{2}\{2\delta S_0 + b_0 [a - c - \tau(m_1 + m_2 + \bar{b})]\}e^{\delta t} - \frac{1}{2\delta}\{(m_1 r_1 e^{r_1 t}$$
$$+ m_2 r_2 e^{r_2 t})[a - c - \tau(m_1 e^{r_1 t} + m_2 e^{r_2 t} + \bar{b})] - \tau(m_1 e^{r_1 t} +$$
$$m_2 e^{r_2 t} + \bar{b})(m_1 r_1 e^{r_1 t} + m_2 r_2 e^{r_2 t})\} = 0 \qquad (5-31)$$

将式 (5-31) 可以写成如下形式:

$$\delta \{2\delta S_0 + b_0 [a - c - \tau(m_1 + m_2 + \overline{b})]\} e^{\delta t} - \{(m_1 r_1 e^{r_1 t} + m_2 r_2 e^{r_2 t})$$

$$[a - c - \tau(m_1 e^{r_1 t} + m_2 e^{r_2 t} + \overline{b})] - \tau(m_1 e^{r_1 t} + m_2 e^{r_2 t} + \overline{b})$$

$$(m_1 r_1 e^{r_1 t} + m_2 r_2 e^{r_2 t})\} = 0 \tag{5-32}$$

在式（5-32）中，在 τ 被假设是一个可变量，而不是如5.3节~
5.4节假设的常数。除此，时间 t 也是一个可变的量。但是，其他变量
或是已经假定为已知的常量或是通过模型可以求得的变量。因此，式
（5-32）实际上是一个关于 t 与 τ 的隐函数，可以利用 Matlab7.0 数学
软件，计算获得每一时点达到期望环境质量的排污权价格 τ。如果实际
排污权价格低于这一价格，政府环境管理部门可以减少排污权的减少初
始分配数量；相反，如果实际排污权价格高于这一价格，则政府环境管
理部门可以适当增加排污权的初始分配数量。通过这种排污权初始分配
的变动就可以达到政府环境管理部门所期望的环境质量。

在第二种情况下，即 $\rho^2 - 4\rho\eta - \dfrac{1}{z}\tau^2 + 4\eta^2 = 0$ 时，厂商利润最大化

的污染水平是：$S(t)^* = \left(S_0 - \dfrac{b_0 q(0)^*}{\delta}\right) e^{-\delta t} + \dfrac{q(t)^* b(t)^*}{\delta}$。将该

种情况下的 $b(t)^*$、$q(t)^*$ 以及 $t=0$ 时的最优产量 $q(q(0)^*)$ 代入
该式得：

$$S(t)^* = \left\{S_0 + \frac{b_0 [a - c - \tau(m_3 + \overline{b})]}{2\delta}\right\} e^{\delta t}$$

$$-\frac{1}{2\delta}(m_3 e^{r_3 t} + m_4 t e^{r_4 t} + \overline{b})$$

$$[a - c - \tau(m_3 e^{r_3 t} + m_4 t e^{r_4 t} + \overline{b})] \tag{5-33}$$

将式（5-33）对时间 t 求导数，并令其等于0：

$$\frac{dS(t)^*}{dt} = \frac{1}{2}\{2S_0 \delta + b_0 [a - c - \tau(m_3 + \overline{b})]\} e^{\delta t}$$

$$-\frac{1}{2\delta}(m_3 r_3 e^{r_3 t} + m_4 r_4 t e^{r_4 t} + m_4 e^{r_4 t})[a - c -$$

$$\tau(m_3 e^{r_3 t} + m_4 t e^{r_4 t} + \overline{b})] + \frac{\tau}{2\delta}(m_3 e^{r_3 t} + m_4 t e^{r_4 t} + \overline{b})$$

$$(m_3 r_3 e^{r_3 t} + m_4 r_4 t e^{r_4 t} + m_4 e^{r_4 t}) = 0 \tag{5-34}$$

式（5-34）也是时间 t 与排污权价格 τ 的隐函数，通过该等式，

和第一种情况一样，可求得每个时期达到期望环境质量的排污权价格，同样，政府环境管理部门可以根据其实际价格和这一价格的差距，调整排污权的初始分配。

5.7　数字例子

首先，通过数字例子讨论第一种情况下，即 $\rho^2 - 4\rho\eta - \frac{1}{z}\tau^2 + 4\eta^2 > 0$ 时的研究结果。假定 $b_0 = 5$，$S_0 = 2$，$\rho = 0.1$，$\eta = 0.01$，$\tau = 0.5$，$z = 50$，$a = 5$，$c = 1$，$T = 55$，$e_0 = 1$，$\gamma = 10^{-5}$，$\delta = 10^{-3}$。在这些赋值水平上，满足第一种情况，即 $\rho^2 - 4\rho\eta - \frac{1}{z}\tau^2 + 4\eta^2 = 0.0014 > 0$。利用 Matlab7.0 数学软件模拟计算，获得在 $[0, T]$ 内 $k(t)^*$、$b(t)^*$、$q(t)^*$、$S(t)^*$、$SW(t)^*$ 的时间路径，分别反映在图 5-1~图 5-5 上。如果维持环境中污染物总量不变，所要求的排污权价格则反映在图 5-6 上。

观察图 5-1 可以发现，厂商的污染削减投资水平随着时间变化而不断提高，从最初的 0.048 上升到最终的 0.18，增长了 2.75 倍。这说明，排污权交易制度能较好地激励厂商投资绿色技术，使单位产品的污染物排放量相应下降，这种下降过程表现在图 5-2 中。

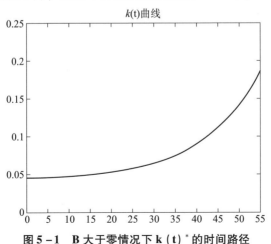

图 5-1　B 大于零情况下 k (t)* 的时间路径

资料来源：笔者根据公式计算及 MATLAB 软件作图的结果整理而得。

从图 5 - 2 可以看出，单位污染物排放量最初为 4.9，最终下降到 3.0，下降了 38%。

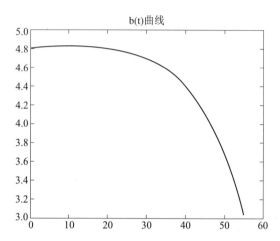

图 5 - 2　B 大于零情况下 b（t）* 的时间路径

资料来源：笔者根据公式计算及 MATLAB 软件作图的结果整理而得。

图 5 - 3 模拟了厂商利润最大化的产出水平。从中可以发现，厂商为了取得最大利润，必须逐步提高其产量水平。

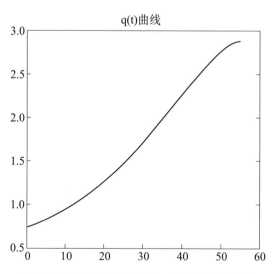

图 5 - 3　B 大于零情况下 q（t）* 的时间路径

资料来源：笔者根据公式计算及 MATLAB 软件作图的结果整理而得。

图 5 – 4 模拟污染存量水平。可以从中观察到，污染存量呈现上升趋势，说明环境对污染物的分解量低于新污染物的排放量。

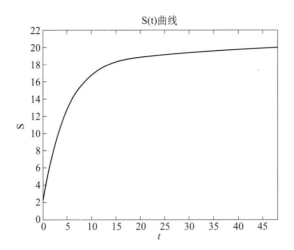

图 5 – 4　B 大于零情况下 S (t) * 的时间路径

资料来源：笔者根据公式计算及 MATLAB 软件作图的结果整理而得。

图 5 – 5 模拟了社会福利水平的变化。从中观察到的社会福利水平，是逐步上升的。

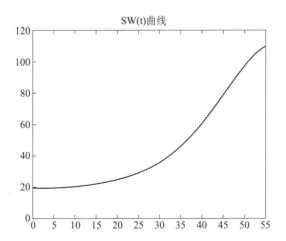

图 5 – 5　B 大于零情况下 SW (t) * 的时间路径

资料来源：笔者根据公式计算及 MATLAB 软件作图的结果整理而得。

图 5-6 反映了一个事实，即如果要维持环境质量、保持现有水平，则要求排污权价格呈逐步上升趋势。

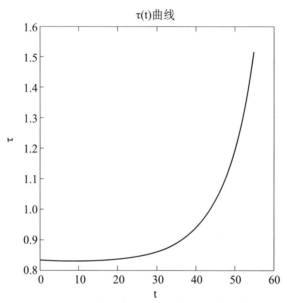

图 5-6 B 大于零 S（t）不变所要求 τ 的时间路径

资料来源：笔者根据公式计算及 MATLAB 软件作图的结果整理而得。

接下来，讨论第二种情况下的数字例子，即当 $\rho^2 - 4\rho\eta - \frac{1}{z}\tau^2 + 4\eta^2 = 0$ 时的情况。假定 $b_0 = 5$，$S_0 = 10$，$\rho = 0.1$，$\eta = 0.01$，$\tau = 0.56$，$z = 49$，$a = 5$，$c = 1$，$T = 60$，$e_0 = 1$，$\gamma = 10^{-5}$，$\delta = 10^{-3}$。在这些赋值的水平上，满足第二种情况，即 $\rho^2 - 4\rho\eta - \frac{1}{z}\tau^2 + 4\eta^2 = 0$，利用 Matlab7.0 数学软件模拟计算，获得在 $[0, T]$ 内 $k(t)^*$、$b(t)^*$、$q(t)^*$、$S(t)^*$、$SW(t)^*$ 的时间路径，分别反映在图 5-7、图 5-8、图 5-9、图 5-10、图 5-11。如果维持环境中污染物总量不变，则要求的排污权价格反映在图 5-12 中。观察图 5-7~图 5-12 发现，在第二种情况下，各变量的变化路径和第一种情况相类似，因此，不再对第二种情况下的数字例子进行深入讨论。

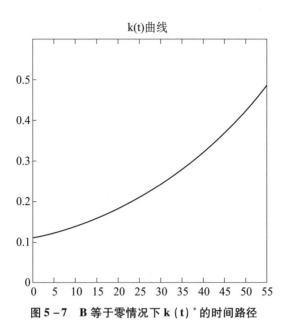

图 5 - 7　B 等于零情况下 k (t)***的时间路径**

资料来源：笔者根据公式计算及 MATLAB 软件作图的结果整理而得。

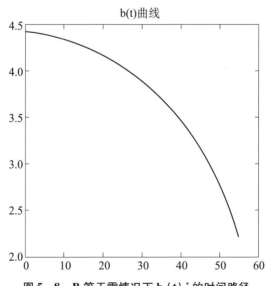

图 5 - 8　B 等于零情况下 b (t)***的时间路径**

资料来源：笔者根据公式计算及 MATLAB 软件作图的结果整理而得。

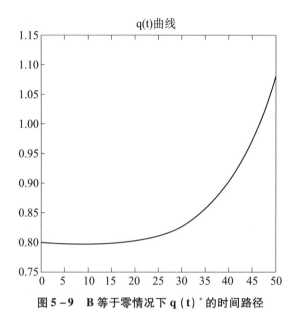

图 5 - 9　B 等于零情况下 q (t) * 的时间路径

资料来源：笔者根据公式计算及 MATLAB 软件作图的结果整理而得。

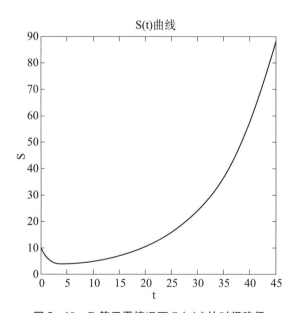

图 5 - 10　B 等于零情况下 S (t) * 的时间路径

资料来源：笔者根据公式计算及 MATLAB 软件作图的结果整理而得。

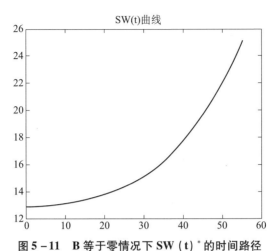

图 5 – 11　B 等于零情况下 SW（t）* 的时间路径

资料来源：笔者根据公式计算及 MATLAB 软件作图的结果整理而得。

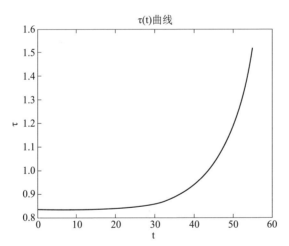

图 5 – 12　B 等于零 S（t）不变所要求 τ 的时间路径

资料来源：笔者根据公式计算及 MATLAB 软件作图的结果整理而得。

5.8　结论

本章回顾了排污权交易政策的理论研究和实践运用情况，并在此基础上，建立了一个排污权交易下的厂商污染削减投资决策动态最优控制模型。利用该模型对厂商的最优污染控制决策、政府环境管理部门的排污权交易市场调控策略等重要问题进行了研究。得出了厂商的最优污染削减投资动态投资水平和最优的产量水平以及社会福利水平等的解析表达式，在此基础上，探讨了使环境质量保持在管理者所期望状态的排污权价格，并通过数据模拟变量的动态过程。利用模型分析的结果表明：第一，排污权交易有效地促进了厂商进行污染削减投资；第二，由于排污权交易政策的实施，厂商单位产品的污染物排放量越来越低，产品的绿色度越来越高，有利于生态环境的改善；第三，存在与厂商利润最大化相容的达到政府环境管理部门所期望的环境质量的排污权价格，政府环境管理部门可以通过调节排污权初始分配的数量来达到既定的污染控制目标。

第6章　利润税和排污税对寡头企业绿色创新的激励研究

6.1　相关研究进展

众所周知，当一个政府致力于维护公共事务和促进经济增长时，政府将增加公共收入（Zucman，2014；Piketty，2015）。然而，在具有跨境资本流动的全球化背景下，企业可能会迁往国外以应对高额的地方税收负担（Devereux，2008；Haufler and Stähler，2013）。因此，在确定税收额度时，政府必须在收集公共收入和刺激商业投资之间取得平衡。

即使已确定税收额，设计税收模式也是一项挑战。目前，利润税已被广泛用作征收公共收入和调整收入分配的重要工具。此外，利润税的优势在于它不会扭曲生产，因为它与企业的总利润是成比例的，这使被征税的公司没有机会将本应公司承担的税收压力转嫁给消费者。因此，利润税对价格和产出没有影响。凭借这一优势，通常认为利润税要优于数量税，并已得到广泛应用。但是，面对当今日益严重的环境污染问题，政府必须肩负改善环境质量的责任。但是，利润税不能纠正由污染企业产生的环境外部性。因此，如果政府只征收利润税，污染企业就没有动力减少排放。

排放税，即因企业排放污染而向其征税，被认为是提高排污企业减少污染排放的激励效果的中心支柱（Requate，2006；Williams，2017）。特别是它还具有收集公共收入的功能。因此，公共政策领域出现了一种新的想法，认为应由排放税代替利润税（Hammond and Dunkiel，1998；Pang，2019）。此外，这一想法已在某些国家和地区得到实施（Pang，2019）。特别是约翰·德莱尼（John Delaney）于2015年在美国提出了一项名为"对污染收取税收，而不是对利润收取税收"的相关法案。但是，征收排放税将增加企业的边际成本，使企业提高价格并减少产品数量。因此，企业的这种行为，可能导致社会福利水平下降。

尽管许多学者和其他贡献者已经提出了利润税和排放税如何共同影响污染企业的行为，但以下三个重要问题的答案仍未揭晓。

（1）当政府面对政府预算和环境责任的双重约束时，应采用"仅利润税""仅排放税""排放税与利润税的结合"中的哪种税收政策？

（2）即使选择了一项政策，在面临限制的情况下最优税率应是多少？

（3）在最优税率下，污染企业将进行多少绿色创新投资？此外，在企业的最佳条件下，该公司将创造多少社会福利？

为了弥补这一空白，本章提出了一个斯塔克伯格（Stackelberg）微分博弈模型，该模型引入了在"干中学"过程中所获得的累积知识。首先，监管者作为领导者，依次选择"仅利润税""仅排污税""排放税与利润税的组合"的税收政策；其次，污染性寡头企业作为追随者，在古诺市场上决定其利润最大化的产出投资和绿色创新投资水平。特别地，考虑了一个强制性的约束条件，即监管者必须收取一定数量的税收以维持公共事务并促进经济增长。实际上，我们研究的是三条研究主线之间的交叉点：在这些研究主线中，前两个研究主线涉及对庇古税和利润税对于绿色创新和社会福利影响的研究；第三个研究主线则源自"干中学"的研究。自阿罗（Arrow，1962）的开创性研究以来，很多文献就一直在研究降低成本的"干中学"效应对投资决策的影响（Rosen，1972；Simon and Steinmann，1984；Thompson，2010；Li，2014；Li and Ni，2016；Bouché，2017；Chang et al.，2018）。然而，尽管提高效率的"干中学"效应是普遍存在的，但提高效率的"干中学"效应对投资决策的影响却很少引起研究者关注。这种现象被称为熟能生巧。此外，许多经验研究已经证实了这一点（例如，Grosse et al.，2015；Feess et al.，2002）。因此，同时考虑提高投资效率和降低成本的"干中学"效应对投资决策的影响，是对先前研究的必要补充。

本章的主要贡献在于四个方面。（1）考虑了排放税和利润税的组合对企业在绿色创新和产能投资中行为的影响，并提供了排放税和利润税的最佳组合。尽管上面提到的许多文献分别研究了排放税如何影响绿色创新、利润税如何影响企业的投资能力，但是，这两个因素对绿色创新和能力投资的综合影响，以及如何设计最优的排放税和利润税结合机制却很少有文献进行分析。就我们所知，本书首次提供排放税和利润税机制的最佳组合，以使监管机构履行维护公共事务、改善环境质量等职责。（2）三种政策，即"仅利润税""仅排放税""排放税与利润税的最佳组合"分别对绿色创新、能力投资和社会福利的影响效果进行对比分析。我们发现，"仅排放税"政策可以带来最高水平的绿色创新投资。此外，我们发现，为了获得最高水平的社会福利，监管机构应根据污染损害的严重程度选择三项政策之一。这些发现具有重要的政策含义。通过它们，我们可以解释为什么有些国家偏向排放税而不是利润税，而另一些国家偏爱利润税。何时应用排放税代替利润税，何时应征收排放税和利润税的结合。（3）在本章中，我们同时考察了提高效率和降低成本的"干中学"效应对绿色创新和生产能力投资的影响效果，这是对先前研究的必要补充。（4）我们提出了一种不同于许多文献的观点，例如，兰贝蒂尼（Lambertini，2017）和马丁·赫兰（Martín Herrán，2018）等广泛采用的是排放税机制。我们发现，在当前相关研究中，排放税已被普遍接受。但是，本章提出了一种税收机制，即对污染损害征收排放税，而不对污染物排放量征收排放税。毕竟，我们关注的重点是污染者对环境造成的损害。我们认为，对污染损害征税比对排污征税更符合庇古税的想法。庇古税是对污染（污染损害）的外部影响征税，而不是对污染本身征税。在我们的排放税机制下，污染者造成的损害越大，应缴纳的排放税就越多。

6.2　博弈

考虑以下情况：有 $n(n \geqslant 1)$ 个对称污染企业在古诺市场中生产同质产品，并且，它们面临以下逆需求函数：

$$p(t) = a - nx_i(t) \qquad (6-1)$$

在式（6-1）中，$p(t)$ 表示 t 时的产品价格，$a > 0$ 表示恒定的保留价格。$x_i(t)$ 表示寡头市场中第 i 个寡头企业的产品生产能力，我们假设它可以通过生产能力投资 $u_i(t)$ 来提高，其演变过程如下：

$$\dot{x}_i(t) = u_i(t) - \delta x_i(t) + b_u A_{ui}(t) \qquad (6-2)$$

在式（6-2）中，$\delta > 0$ 表示第 i 个寡头企业生产能力的衰减率，受格罗斯（Grosse，2015）和费斯（Feess，2002）等实证研究的启发，$+ b_u A_{ui}(t)$ 表示第 i 个寡头企业在生产能力投资过程中"干中学"引致的投资效率改善。其中，$A_{ui}(t)$ 表示第 i 个寡头企业从生产能力投资过程中累积的投资经验，$b_u \geq 0$ 是第 i 个寡头企业在生产能力投资过程中累积经验对产出水平的效率改善参数。

现在，让我们使用以下动态方程式来描述生产过程中产生的负面环境外部性 $s_i(t)$ 的演变：

$$\dot{s}_i(t) = x_i(t) - k_i(t) - \eta s_i(t) - b_k A_{ki}(t) \qquad (6-3)$$

为简单起见，假定每单位产出都会产生一个单位污染。绿色创新投资 $k_i(t)$ 可以削弱外部性。$\eta > 0$ 是排放物的自然衰减率。与方程式（6-2）相似，$-b_k A_{ki}(t)$ 是指绿色创新投资过程引发提高效率的"干中学"效应，表明从绿色创新投资中获得的累积经验 $A_{ki}(t)$ 可以有助于减少污染排放。$b_k > 0$ 是 $A_{ki}(t)$ 的效率参数。

根据李和潘（Li and Pan，2014）以及魏（Wei，2019）的观点，下列动态方程式描述了累积经验 $A_{ui}(t)$、$A_{ki}(t)$ 的演化动力学，并且它们可以由式（6-4）和式（6-5）表示：

$$\dot{A}_{ui}(t) = \mu_u u_i(t) - \gamma_u A_{ui}(t) \qquad (6-4)$$

$$\dot{A}_{ki}(t) = \mu_k k_i(t) - \gamma_k A_{ki}(t) \qquad (6-5)$$

在式（6-4）和式（6-5）中，μ_u 和 μ_k 代表能力投资和绿色创新投资中知识积累的学习率。并且，γ_u、γ_k 是能力投资和减排研发投资积累经验的递减记忆率。

继兰贝蒂尼（Lambertini，2017）和马丁·赫兰（Martín Herrán，2018）的研究，我们假设在生产能力和绿色创新方面的投资成本都是递增且凹的。此外，由于成本降低的"干中学"效应影响，它们应分别随着经验积累 $A_{ui}(t)$ 和 $A_{ki}(t)$ 的增加而减少（Li，2014；Wei et al.，2019）。简而言之，能力投资成本和绿色创新投资成本可以分别由式（6-6）和式（6-7）表示：

$$c_i[u_i(t), A_{ui}(t)] = \alpha_u u_i^2(t) - \beta_u A_{ui}(t) \tag{6-6}$$

$$c_i[k_i(t), A_{ki}(t)] = \alpha_k k_i^2(t) - \beta_k A_{ki}(t) \tag{6-7}$$

在式（6-6）和式（6-7）中，$\alpha_u > 0$ 和 $\alpha_k > 0$ 是相应的投资成本效率参数，$\beta_u > 0$ 和 $\beta_k > 0$ 是知识积累对生产能力和绿色创新投资成本的影响率。

在没有政府监管机构干预的情况下，企业 i 的目标是在连续时间 t，$t \in [0, \infty)$ 内发现最优 $u_i(t)$、$k_i(t)$ 最大化的折现利润流，我们将此问题描述为：

$$\max_{u,k} \int_0^{+\infty} e^{-\rho t} \{[p(t) - c]x_i(t) - c_i[u_i(t), A_{ui}(t)] - c_i[k_i(t), A_{ki}(t)]\} dt$$

$$\text{s. t.} \begin{cases} \dot{x}_i(t) = u_i(t) - \delta x_i(t) + b_u A_{ui}(t) \\ \dot{s}_i(t) = x_i(t) - k_i(t) - \eta s_i(t) - b_k A_{ki}(t) \\ \dot{A}_{ui}(t) = \mu_u u_i(t) - \gamma_u A_{ui}(t) \\ \dot{A}_{ki}(t) = \mu_k k_i(t) - \gamma_k A_{ki}(t) \end{cases} \tag{6-8}$$

在式（6-8）中，$u_i(t)$ 和 $k_i(t)$ 为恒定边际成本。

现在，根据魏（Wei, 2019）和马丁·赫兰（Martín Herrán, 2018）的研究，描述一个递增且凹的排放损害函数 $D[S(t)]$：

$$D[S(t)] = dS^2(t) \tag{6-9}$$

在式（6-9）中，$S(t) = ns_i(t)$，$d > 0$ 是排放的损害因子（强度）。

另外，不同于兰贝蒂尼（Lambertini, 2017）和马丁·赫兰（Martín Herrán, 2018），我们提出了一种排放税机制，该机制是对污染损害征收排放税，而不是对排放的污染量征收排放税。毕竟我们关注的重点是污染者对环境造成的损害。在这种排放税机制下，污染者造成的损害越大，应支付的排放税就越多。我们的机制是基于庇古税的想法。

为了激励污染企业投资绿色创新以减少排放，我们假设监管机构有许多替代方案（如排放标准、可交易的排放权、排放税等）可供选择，但首选方案是对污染排放征税。此外，它面临的预算制约因素是必须收取一定数量的税收来维持公共事务。

在第6.3节中，我们将使用逆向归纳法来分析寡头企业和监管者分别在"仅利润税"和"仅排放税"政策下的最优策略，以此获取基准。然后，根据给定的基准，可获得寡头企业和监管机构在利润税和排放税结合政策下的最优策略。

6.3 博弈均衡

6.3.1 仅利润税

1. 企业的最优

现在，我们考察监管者只向寡头企业征收税率为 τ_1 的利润税来筹集税收收入。由于利润税是中性的，对寡头企业的行为没有影响。由此，寡头企业 i 的优化问题与式（6-8）相同。由此，我们可以得出以下当前值汉密尔顿函数：

$$
\begin{aligned}
H_1 = &\{[a-c-nx_i(t)]x_i(t) - \alpha_u u_i^2(t) + \beta_u A_{ui}(t) - \alpha_k k_i^2(t) \\
&+ \beta_k A_{ki}(t)\} + \chi_1(t)[u_i(t) - \delta x_i(t) + b_u A_{ui}(t)] + \chi_2(t) \\
&[x_i(t) - k_i(t) - \eta s_i(t) - b_k A_{ki}(t)] + \chi_3(t)[\mu_u u_i(t) \\
&- \gamma_u A_{ui}(t)] + \chi_4(t)[\mu_k k_i(t) - \gamma_k A_{ki}(t)] \quad\quad (6-10)
\end{aligned}
$$

在式（6-10）中，$\chi_j(t)$，$j=1$，2，3，4 是动态状态变量。

使用现值汉密尔顿函数式（6-10）的一阶条件、共态条件和状态方程，可以得到以下动态系统：

$$
\begin{cases}
\dot{x}_i(t) = u_i(t) - \delta x_i(t) + b_u A_{ui}(t) \\[4pt]
\dot{s}_i(t) = x_i(t) - k_i(t) - \eta s_i(t) - b_k A_{ki}(t) \\[4pt]
\dot{A}_{ui}(t) = \mu_u u_i(t) - \gamma_u A_{ui}(t) \\[4pt]
\dot{A}_{ki}(t) = \mu_k k_i(t) - \gamma_k A_{ki}(t) \\[4pt]
\dot{u}_i(t) = \dfrac{\begin{array}{c}2\alpha_u(\rho + \delta - \mu_u b_u)u_i(t) + \mu_u[\gamma_u - \delta + \mu_u b_u]\chi_3(t) - \chi_2(t) - \\ [(a-c+\mu_u\beta_u) - 2nx_i(t)]\end{array}}{2\alpha_u} \\[18pt]
\dot{k}_i(t) = \dfrac{\mu_k(\gamma_k + \mu_k b_k - \eta)\chi_4(t) - 2\alpha_k(\mu_k b_k - \rho - \eta)k_i(t) - \mu_k\beta_k}{2\alpha_k} \quad (6-11)
\end{cases}
$$

$$\begin{cases} \dot{\chi}_1(t) = (\rho+\delta)\chi_i(t) - \chi_2(t) - [a-c-2nx_i(t)] \\ \dot{\chi}_2(t) = (\rho+\eta)\chi_2(t) \\ \dot{\chi}_3(t) = (\rho+\gamma_u)\chi_3(t) - b_u\chi_1(t) - \beta_u \\ \dot{\chi}_4(t) = (\rho+\gamma_k)\chi_4(t) + b_k\chi_2(t) - \beta_u \end{cases}$$

下面，我们致力于求解状态均衡条件下动态系统式（6-11）的稳态均衡解，并用上标"-"标识均衡结果。得到以下求解结果：

$$\bar{u}_i = \cfrac{\delta\gamma_u\mu_u\beta_u(\rho+\delta)(\delta+\rho-\mu_ub_u)+\delta\gamma_u(a-c)}{\Big[(\rho+\delta)(\rho+\gamma_u)-\mu_ub_u(\gamma_u-\delta+\mu_ub_u)\Big]}{2\alpha_u\delta\gamma_u(\rho+\delta)(\rho+\gamma_u)(\rho+\delta-\mu_ub_u)-2n(\gamma_u+b_u\mu_u)}{\Big[\mu_ub_u(\gamma_u-\delta+\mu_ub_u)-(\rho+\delta)(\rho+\gamma_u)\Big]}$$

$$\bar{k}_i = \frac{\mu_k\beta_k}{2\alpha_k(\rho+\gamma_k)}, \quad \bar{x}_i = \frac{(\gamma_u+b_u\mu_u)\bar{u}_i}{\delta\gamma_u}$$

$$\bar{s}_i = \frac{\gamma_k(\gamma_u+b_u\mu_u)\bar{u}_i - \delta\gamma_u(\gamma_k+b_k\mu_k)\bar{k}_i}{\delta\eta\gamma_u\gamma_k}$$

$$\bar{A}_{ui} = \frac{\mu_u\bar{u}_i}{\gamma_u}, \quad \bar{A}_{ki} = \frac{\mu_k\bar{k}_i}{\gamma_k}$$

接下来，使用命题 6-1 证明稳态解的稳定性。

命题 6-1：存在可允许的参数簇 Ω，该参数簇稳态均衡解 $\{\bar{u}_i, \bar{k}_i, \bar{x}_i, \bar{s}_i, \bar{A}_{ui}, \bar{A}_{ki}\}$ 是一个鞍点。

我们在附录 6-1 中给出证明。

2. 最优利润税率

这个小节的目的是求解最优利润税税率 τ_1^*，使监管者可以在预算约束 T 下最大化总社会福利函数式（6-12）。为了得出可比的结论，我们假设政府监管机构在三种税收政策下都面临相同的预算约束 T。T 是监管机构为维护公共事务而必须收取的固定且必要的税收。监管者的目标函数可以通过式（6-12）给出：

$$\max_{\tau_1} (a-c)nx_i - \frac{1}{2}n^2x_i^2 - n\alpha_uu_i^2 + n\beta_uA_{ui} - n\alpha_kk_i^2 + n\beta_kA_{ki} - n^2ds_i^2$$

$$\text{s. t. } \tau_1n\big[(p-c)x_i - c_i(u_i, A_{ui}) - c_i(k_i, A_{ki})\big] = T \quad (6-12)$$

因此，式（6-12）的拉格朗日函数为：

$$L(\tau_1, \lambda_5) = (a-c)nx_i - \frac{1}{2}n^2x_i^2 - n\alpha_uu_i^2 + n\beta_uA_{ui} - n\alpha_kk_i^2 + n\beta_kA_{ki} - n^2ds_i^2$$

$$+ \lambda_5 \{ \tau_1 n [(p - c) x_i - c_i(u_i, A_{ui}) - c_i(k_i, A_{ki})] - T \}$$

$$(6 - 13)$$

在式（6 - 13）中，λ_5 是与约束条件 T 关联的拉格朗日乘数。

从一阶条件：$\partial L(\tau_1, \lambda_5)/\partial \tau_1 = 0$，$\partial L(\tau_1, \lambda_5)/\partial \lambda_5 = 0$，我们得到以下结果：

$$\tau_1^* = \cfrac{T (A_2 + nA_3)^2}{\begin{array}{c} -n^2 A_1^2 A_5^2 - n\alpha_u A_1^2 + nA_1(A_2 + nA_3)[(a - c)A_5 + \beta_u A_8] \\ + (A_2 + nA_3)^2 (n\beta_k A_4 A_9 - n\alpha_k A_4^2) \end{array}}$$

其中：

$A_1 = \delta\gamma_u\mu_u\beta_u(\rho + \delta)(\delta + \rho - \mu_u b_u) + \delta\gamma_u(a - c)[(\rho + \delta)(\rho + \gamma_u)$
$\quad - \mu_u b_u(\gamma_u - \delta + \mu_u b_u)]$，

$A_2 = 2\alpha_u\delta\gamma_u(\rho + \delta)(\rho + \gamma_u)(\rho + \delta - \mu_u b_u)$，

$A_3 = -2(\gamma_u + b_u\mu_u)[\mu_u b_u(\gamma_u - \delta + \mu_u b_u) - (\rho + \delta)(\rho + \gamma_u)]$，

$A_4 = \mu_k\beta_k/[2\alpha_k(\rho + \gamma_k)]$，$A_5 = (\gamma_u + b_u\mu_u)/(\delta\gamma_u)$，

$A_6 = \gamma_k(\gamma_u + b_u\mu_u)/(\delta\eta\gamma_u\gamma_k)$，$A_7 = -\delta\gamma_u(\gamma_k + b_k\mu_k)/(\delta\eta\gamma_u\gamma_k)$，

$A_8 = \mu_u/\gamma_u$，$A_9 = \mu_k/\gamma_k$。

6.3.2 仅排放税

1. 企业的最优

本小节考察了市场上的寡头企业被监管者以税率 τ_2 征收排放税的情况，这是唯一的干预政策。因此，寡头企业公司 i 的优化问题是：

$$\max_{u,k} \int_0^{+\infty} e^{-\rho t} \{ [p(t) - c] x_i(t) - c_i[u_i(t), A_{ui}(t)] - c_i[k_i(t), A_{ki}(t)] - \tau_2 d s_i^2(t) \} dt$$

$$\text{s. t.} \begin{cases} \dot{x}_i(t) = u_i(t) - \delta x_i(t) + b_u A_{ui}(t) \\ \dot{s}_i(t) = x_i(t) - k_i(t) - \eta s_i(t) - b_k A_{ki}(t) \\ \dot{A}_{ui}(t) = \mu_u u_i(t) - \gamma_u A_{ui}(t) \\ \dot{A}_{ki}(t) = \mu_k k_i(t) - \gamma_k A_{ki}(t) \end{cases} \quad (6 - 14)$$

目标函数式（6 - 14）和目标函数式（6 - 8）的区别在于，在式（6 - 14）中，寡头 i 被征收排放税，这是以税率 τ_2 对污染损害 $d s_i^2(t)$

征税。

目标函数式（6-14）的当前值汉密尔顿函数可以表示为：

$$H_2 = [a - c - nx_i(t)] x_i(t) - \alpha_u u_i^2(t) + \beta_u A_{ui}(t) - \alpha_k k_i^2(t) + \beta_k A_{ki}(t)$$
$$- \tau_2 ds_i^2(t) + \lambda_1(t)[u_i(t) - \delta x_i(t) + b_u A_{ui}(t)] + \lambda_2(t)[x_i(t)$$
$$- k_i(t) - \eta s_i(t) - b_k A_{ki}(t)] + \lambda_3(t)[\mu_u u_i(t) - \gamma_u A_{ui}(t)]$$
$$+ \lambda_4(t)[\mu_k k_i(t) - \gamma_k A_{ki}(t)] \qquad (6-15)$$

在式（6-15）中，$\lambda_j(t)$，$j = 1$，2，3，4 是动态共态变量，分别测度相关状态方程 $\dot{x}_i(t)$、$\dot{s}_i(t)$、$\dot{A}_{ui}(t)$ 和 $\dot{A}_{ki}(t)$ 的影子价格。

从一阶条件、共态条件和约束条件出发，给出以下动态系统：

$$\begin{cases} \dot{x}_i(t) = u_i(t) - \delta x_i(t) + b_u A_{ui}(t) \\[4pt] \dot{s}_i(t) = x_i(t) - k_i(t) - \eta s_i(t) - b_k A_{ki}(t) \\[4pt] \dot{A}_{ui}(t) = \mu_u u_i(t) - \gamma_u A_{ui}(t) \\[4pt] \dot{A}_{ki}(t) = \mu_k k_i(t) - \gamma_k A_{ki}(t) \\[4pt] \dot{u}_i(t) = \dfrac{\begin{aligned}2\alpha_u(\rho + \delta - \mu_u b_u)u_i(t) + \mu_u[\gamma_u - \delta + \mu_u b_u]\lambda_3(t) - \lambda_2(t) \\ + 2nx_i(t) - a + c - \mu_u \beta_u\end{aligned}}{2\alpha_u} \\[14pt] \dot{k}_i(t) = \dfrac{\begin{aligned}\mu_k(\gamma_k + \mu_k b_k - \eta)\lambda_4(t) - 2\alpha_k(\mu_k b_k - \rho - \eta)k_i(t) \\ - 2d\tau_2 s_i(t) - \mu_k \beta_k\end{aligned}}{2\alpha_k} \\[14pt] \dot{\lambda}_1(t) = (\rho + \delta)\lambda_1(t) - \lambda_2(t) + 2nx_i(t) - a + c \\[4pt] \dot{\lambda}_2(t) = (\rho + \eta)\lambda_2(t) + 2d\tau_2 s_i(t) \\[4pt] \dot{\lambda}_3(t) = (\rho + \gamma_u)\lambda_3(t) - b_u \lambda_1(t) - \beta_u \\[4pt] \dot{\lambda}_4(t) = (\rho + \gamma_k)\lambda_4(t) + b_k \lambda_2(t) - \beta_k \end{cases} \qquad (6-16)$$

在状态均衡条件下，求解动态系统式（6-16），并用上标"∧"标识均衡结果，我们得到以下结果：

$$\hat{u}_i(\tau_2) = \frac{B_5(B_8\tau_2 - B_{10}) - B_4 B_9 \tau_2^2 - B_4 B_6 \tau_2}{[(B_{10} - B_8\tau_2)(B_1\tau_2 + B_2 + nB_3) + B_4 B_7 \tau_2^2]}$$

$$\hat{k}_i(\tau_2) = \frac{B_7\tau_2[B_5(B_8\tau_2 - B_{10}) - B_4 B_9 \tau_2^2 - B_4 B_6 \tau_2] + (B_9\tau_2 + B_6)}{[(B_{10} - B_8\tau_2)(B_1\tau_2 + B_2 + nB_3) + B_4 B_7 \tau_2^2]} \cdot \frac{}{(B_{10} - B_8\tau_2)[(B_{10} - B_8\tau_2)(B_1\tau_2 + B_2 + nB_3) + B_4 B_7 \tau_2^2]}$$

$$\hat{s}_i(\tau_2) = \frac{\gamma_k(\gamma_u + b_u\mu_u)\hat{u}_i(\tau_2) - \delta\gamma_u(\gamma_k + b_k\mu_k)\hat{k}_i(\tau_2)}{\delta\eta\gamma_u\gamma_k}$$

$$\hat{x}_i(\tau_2) = \frac{(\gamma_u + b_u\mu_u)\hat{u}_i(\tau_2)}{\delta\gamma_u}, \hat{A}_{ui}(\tau_2) = \frac{\mu_u\hat{u}_i(\tau_2)}{\gamma_u}, \hat{A}_{ki}(\tau_2) = \frac{\mu_k\hat{k}_i(\tau_2)}{\gamma_k}$$

$$(6-17)$$

在式（6-17）中，

$B_1 = 2d\gamma_k(\gamma_u + b_u\mu_u)[(\rho+\delta)(\rho+\gamma_u) - b_u\mu_u(\gamma_u - \delta + \mu_u b_u)]$，

$B_2 = 2\delta\eta\alpha_u\gamma_u\gamma_k(\rho+\eta)(\rho+\delta)(\rho+\gamma_u)(\rho+\delta-\mu_u b_u)$，

$B_3 = 2\eta\gamma_k(\rho+\eta)[(\rho+\delta)(\rho+\gamma_u)(\gamma_u + b_u\mu_u) - b_u\mu_u(\gamma_u + b_u\mu_u)(\gamma_u - \delta + \mu_u b_u)]$，

$B_4 = 2d\delta\gamma_u(\gamma_k + b_k\mu_k)[b_u\mu_u(\gamma_u - \delta + \mu_u b_u) - (\rho+\delta)(\rho+\gamma_u)]$，

$B_5 = \delta\eta\gamma_u\gamma_k(\rho+\eta)\{\mu_u(\gamma_u - \delta + \mu_u b_u)[b_u(a-c) + \beta_u(\rho+\delta)] - (\rho+\delta)$
$\quad\quad (\rho+\gamma_u)(a-c+\mu_u\beta_u)\}$，

$B_6 = \delta\eta\mu_k\beta_k\gamma_u\gamma_k(\rho+\eta)(\rho+\eta-\mu_k b_k)$，

$B_7 = 2d\gamma_k(\rho+\eta)(\rho+\gamma_k)(\gamma_u + b_u\mu_u)$，

$B_8 = -2d\delta\gamma_u(\rho+\eta)(\rho+\gamma_k)(\gamma_k + b_k\mu_k)$，

$B_9 = -\mu_k b_k\delta\eta\gamma_u\gamma_k(\gamma_k + \mu_k b_k - \eta)$，

$B_{10} = 2\alpha_k\delta\eta\gamma_u\gamma_k(\rho+\eta-\mu_k b_k)(\rho+\eta)(\rho+\gamma_k)$。

提出命题6-2来证明均衡解 $\{\hat{u}_i(\tau_2), \hat{k}_i(\tau_2), \hat{x}_i(\tau_2), \hat{s}_i(\tau_2),$
$\hat{A}_{ui}(\tau_2), \hat{A}_{ki}(\tau_2)\}$ 的稳定性。

命题6-2：存在可允许的参数簇 Γ，在该参数簇下稳态平衡
$\{\hat{u}_i(\tau_2)、\hat{k}_i(\tau_2)、\hat{x}_i(\tau_2)、\hat{s}_i(\tau_2)、\hat{A}_{ui}(\tau_2)、\hat{A}_{ki}(\tau_2)\}$ 是一个鞍点。

证明在附录6-2中进行。

2. 最佳排放税

现在，我们可以求解使社会福利最大化 SW_2 的最佳排放税率 τ_2^*。
目标函数是：

$$SW = \int_0^{nx_i(\tau_2)} (a-Q)dQ - cnx_i(\tau_2) - nc_i[u_i(\tau_2), A_{ui}(\tau_2)] - nc_i[k_i(\tau_2),$$

$$A_{ki}(\tau_2)] - n^2ds_i^2(\tau_2)$$

$$= (a-c)nx_i(\tau_2) - \frac{1}{2}n^2x_i^2(\tau_2) - n\alpha_u u_i^2(\tau_2) + n\beta_u A_{ui}(\tau_2) - n\alpha_k k_i^2(\tau_2)$$

$$+ n\beta_k A_{ki}(\tau_2) - n^2ds_i^2(\tau_2)$$

$$\text{s. t. } n\tau_2 ds_i^2(\tau_2) = T \tag{6-18}$$

从目标函数式（6-18）中，我们获得以下拉格朗日函数：

$$L(\tau_2, \lambda_6) = (a-c)nx_i(\tau_2) - \frac{1}{2}n^2 x_i^2(\tau_2) - n\alpha_u u_i^2(\tau_2) + n\beta_u A_{ui}(\tau_2)$$
$$- n\alpha_k k_i^2(\tau_2) + n\beta_k A_{ki}(\tau_2) - n^2 ds_i^2(\tau_2) + \lambda_6[n\tau_2 ds_i^2(\tau_2) - T] \tag{6-19}$$

在式（6-19）中，λ_6 是与约束条件 T 关联的拉格朗日乘数。

通过求解一阶条件：$\partial L(\tau_2, \lambda_6)/\partial \tau_2 = 0$，$\partial L(\tau_2, \lambda_6)/\partial \lambda_6 = 0$，得到等式（6-20），这是关于 τ_2^* 的隐函数，接下来，将采用 MATLAB 工具进行求解。

$$n\tau_2^* d[C_1 + C_2\tau_2^* + C_3\tau_2^{*2} + C_4\tau_2^{*3}]^2 - [C_5 + C_6\tau_2^* + C_7\tau_2^{*2} + C_8\tau_2^{*3}]^2 T = 0 \tag{6-20}$$

在式（6-20）中，

$C_1 = [B_6 B_{13}(B_2 B_{10} + nB_3 B_{10}) - B_5 B_{10} B_{10} B_{12} - B_5 B_7 B_{10} B_{13}]$,

$C_2 = [B_5 B_8 B_{10} B_{12} - B_{10} B_{12}(B_4 B_6 - B_5 B_8) + B_9 B_{13}(B_2 B_{10} + nB_3 B_{10})$
$\quad + B_6 B_{13}(B_1 B_{10} - B_2 B_8 - nB_3 B_8)]$,

$C_3 = [B_7 B_{13}(B_5 B_8 - B_4 B_6) - B_4 B_9 B_{10} B_{12} + B_9 B_{13}(B_1 B_{10} - B_2 B_8$
$\quad - nB_3 B_8) + B_6 B_{13}(B_4 B_7 - B_1 B_8) + B_8 B_{12}(B_4 B_6 - B_5 B_8)]$,

$C_5 = (B_2 B_{10}^2 + nB_3 B_{10}^2)$,

$C_6 = (B_1 B_{10}^2 - 2B_2 B_8 B_{10} - 2nB_3 B_8 B_{10})$,

$C_7 = (B_4 B_7 B_{10} - B_1 B_8^2 B_{10}^2 + B_4 B_7 B_{10} - B_1 B_8 B_{10} + B_2 B_8^2 + nB_3 B_8^2)$,

$C_8 = -(B_4 B_7 B_8 - B_1 B_8^2)$。

6.3.3　排放税和利润税

6.3.3.1　寡头企业最优

现在，我们考察监管机构同时实施排放税和利润税以鼓励寡头企业绿色创新并收集所需收入的情况。由于利润税是中性的，对企业的决定没有影响，只有排放税会影响企业的决策。因此，"寡头企业最优"的结果与在 3.2.1 小节中获得的"仅排放税"的情况相同。在本节中，除了用 τ_3 代替 τ_2 外我们使用这些已经获得的结果。

6.3.3.2 联合最佳排放税和利润税

现在，我们将解决式（6-21）的问题，以获得能够最大化社会福利水平的联合最优排放率 τ_3^* 和最优利润率 τ_4^*。

$$SW_3 = (a-c)nx_i(\tau_3) - \frac{1}{2}n^2x_i^2(\tau_3) - n\alpha_u u_i^2(\tau_3) + n\beta_u A_{ui}(\tau_3)$$
$$- n\alpha_k k_i^2(\tau_3) + n\beta_k A_{ki}(\tau_3) - n^2 ds_i^2(\tau_3)$$
$$s.t. \ n\tau_3 ds_i^2(\tau_3) + \tau_4 n\{[p(\tau_3)-c]x_i(\tau_3) - c_i[u_i(\tau_3), A_{ui}(\tau_3)]$$
$$- c_i[k_i(\tau_3), A_{ki}(\tau_3)]\}$$
$$\tau_3 ds_i^2(\tau_3)] = T \tag{6-21}$$

式（6-21）相应的拉格朗日函数是：

$$L(\tau_3, \tau_4, \lambda_7) = (a-c)nx_i(\tau_3) - \frac{1}{2}n^2x_i^2(\tau_3) - n\alpha_u u_i^2(\tau_3) + n\beta_u A_{ui}(\tau_3)$$
$$- n\alpha_k k_i^2(\tau_3) + n\beta_k A_{ki}(\tau_3) - n^2 ds_i^2(\tau_3) + \lambda_7\{n\tau_3 ds_i^2(\tau_3)$$
$$+ \tau_4 n[(a-c)x_i(\tau_3) - nx_i^2(\tau_3) - \alpha_u u_i^2(\tau_3) + \beta_u A_{ui}(\tau_3)$$
$$- \alpha_k k_i^2(\tau_3) + \beta_k A_{ki}(\tau_3) - \tau_3 ds_i^2(\tau_3)] - T\} \tag{6-22}$$

通过一阶条件：$\partial L(\tau_3, \tau_4, \lambda_7)/\partial \tau_3 = 0$，$\partial L(\tau_3, \tau_4, \lambda_7)/\partial \tau_4 = 0$，可以获得：

$$\tau_3^* = \frac{1}{n^2 C_1^2 C_7^2 C_{10} + 2n\alpha_u C_1^2 C_7^2 + 2n\alpha_k C_5^2 (C_3 + nC_4)^2 + 2n^2 d(C_3 + nC_4)} \times$$
$$[C_1 C_7 C_{11} + C_5 C_{12}(C_3 + nC_4)]^2$$
$$\{n(a-c)C_1 C_7^2 C_{10}(C_3 + nC_4) - n^2 C_1 C_2 C_7^2 C_{10} - 2n\alpha_u C_1 C_2 C_7^2$$
$$+ n\beta_u C_1 C_7^2 C_8(C_3 + nC_4) - 2n\alpha_k C_5 C_6(C_3 + nC_4)^2 + n\beta_k C_5 C_7 C_9$$
$$(C_3 + nC_4)^2 - [C_1 C_7 C_{11} + C_5 C_{12}(C_3 + nC_4)][2n^2 dC_2 C_7 C_{11}(C_3$$
$$+ nC_4) + C_6 C_{12}(C_3 + nC_4)^2]\}$$

$$\tau_4^* = \frac{-D_1\tau_3^2 - D_2\tau_3 - D_6}{D_4\tau_3^2 + D_3\tau_3 + D_5}$$

其中，$D_1 = nC_7(C_3 + nC_4)[C_1 C_7 C_{11} + C_5 C_{12}(C_3 + nC_4)]$，
$D_2 = nC_7(C_3 + nC_4)[C_2 C_7 C_{11} + C_6 C_{12}(C_3 + nC_4)]$，
$D_3 = n(a-c)C_1 C_7^2 C_{10}(C_3 + nC_4) - 2n^2 C_1 C_2 C_7^2 C_{10} - 2n\alpha_u C_1 C_2 C_7^2 +$
$\quad n\beta_u C_1 C_7^2 C_8(C_3 + nC_4) - 2n\alpha_k C_5 C_6(C_3 + nC_4)^2 + n\beta_k C_5 C_7 C_9$
$\quad (C_3 + nC_4)^2 - nC_7(C_3 + nC_4)[C_2 C_7 C_{11} + C_6 C_{12}(C_3 + nC_4)]$，

$$D_4 = - \{ n^2 C_1^2 C_7^2 C_{10}^2 + n\alpha_u C_1^2 C_7^2 + n\alpha_k C_5^2 (C_3 + nC_4)^2 + nC_7 (C_3 + nC_4)$$
$$[C_1 C_7 C_{11} + C_5 C_{12} (C_3 + nC_4)] \},$$

$$D_5 = [n(a-c) C_2 C_7^2 C_{10} (C_3 + nC_4) - n^2 C_2^2 C_7^2 C_{10}^2 - n\alpha_u C_2^2 C_7^2 + n\beta_u C_2 C_7^2 C_8$$
$$(C_3 + nC_4) - n\alpha_k C_6^2 (C_3 + nC_4)^2 + n\beta_k C_6 C_7 C_9 (C_3 + nC_4)^2],$$

$$D_6 = - C_7^2 (C_3 + nC_4)^2 T。$$

6.4　政策含义

在 6.3 节中，本章分别研究了在"利润税""仅排放税""排放税和利润税的组合"三种情况下的寡头企业和政府监管机构的最佳稳态均衡解。现在，本章可以通过对比这三个政策的结果来研究政策含义。为了实现此目的，本章在表 6 - 1 中设置了基本参数的数值。

表 6 - 1　　　　　　　　　数值示例中使用的基本参数

a	n	c	α_u	β_u	α_k	β_k	b_u	δ
10000	10	20	0.5	0.05	0.5	0.05	0.01	0.05
b_k	η	μ_k	γ_k	μ_u	γ_u	ρ	d	
0.01	0.05	0.1	0.01	0.1	0.01	0.05	1.25	

资料来源：笔者根据魏（Wei, 2019）和马丁·赫兰（Martín Herrán, 2018）的研究整理而得。

使用 6.3 节的结果和表 6 - 1 中的基本数据集，我们得到图 6 - 1 和图 6 - 2。

从图 6 - 1 中我们发现。

（1）当分别执行这三个政策时，存在一个最优的利润税率、一个最优的排放税率，以及一个最优的综合利润税率和排放税率。此外，当公司数量从 0 增加到 20 时，在"仅利润税"的情况下，最优利润税率在降低，而在"仅排放税"的情况下，最优排放税率则提高。在"排放税和利得税的组合"情况下，最优联合利润税率减少，而排放税率随公司数量 n 的增加而增加。

（2）在"仅利润税"的情况下，绿色创新投资接近于零，并且，企业数量不影响它。该结果表明，利润税不会激励企业投资绿色创新。在"仅排放税"和"排放税与利润税的组合"情况下，绿色创新投资显著大于零。并且，在这两种情况下，随着公司数量的增加，绿色创新

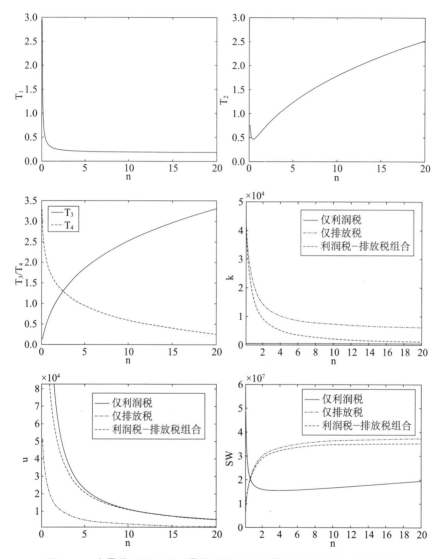

图 6–1   在最优利润税率、最优排放税率和最优利润税率与排放税率

组合的条件下，寡头企业的绿色创新投资、产能投资以及相应的社会

福利水平随公司数量 n 从 0 变为 20 的变化路径

资料来源：笔者根据公式计算结果及运用 MATLAB 软件作图的结果整理绘制而得。

投资都在减少。我们可以据此得出结论，如果执行排放税，绿色创新投资曲线是"U"形曲线，而不是倒"U"形曲线。这些结果与熊彼得

（Schumpeter，1934，1942）提出的假说是一致的，而与阿罗和纳尔逊（Arrow and Nelson，1962）相反。这些现象表明，排放税对鼓励企业开展绿色创新具有积极的影响。因此，"仅排放税"政策引领绿色创新投资的最高水平，而当政府监管者执行"利润税和排放税的结合"政策时，则是次高的投资。

（3）在这三种情况下，污染性寡头企业的投资能力随着企业数量的减少而减少。这表明，企业数量越多竞争越激烈，企业的产量也将随着竞争强度的上升而下降。另外，从图 6 - 1 中可以看出，执行"仅利润税"政策时，污染寡头企业的产能投资水平最高，而"利润税和排放税"则位居第二。而当政府监管机构实施"仅排放税"政策时，产能投资则是最低水平。这些结果清楚地表明，排放税确实会对企业的行为产生一些扭曲的影响，因为它增加了企业的边际成本。因此，当征收排放税时，最优产量下降。

（4）如果市场上只有一个参与者，那么，利润税可以带来最高的社会福利。但是随着公司数量的增加，对社会福利而言，"仅排放税"及"排放税和利润税"的政策与"仅利润税"的政策相比具有明显的优势。由以下事实解释，当制造商的数量很少时，污染问题可能不是一个严重的问题。在这种情况下，利润税可能就足够了。但是，随着寡头企业数量的增加，总污染排放量也在增加，环境损害程度加剧。在这种情况下，非常需要排放税来鼓励寡头企业减少污染排放。

接下来，通过观察图 6 - 2，我们研究了当污染损害因子 d 发生变化时，三种政策所导致的结果。

我们从图 6 - 2 中找到。

（1）当政府监管机构执行"仅利润税"政策时，污染损害因素不会影响最佳利润税率以及污染性寡头企业的绿色创新投资和产能投资。其原因是，当执行"仅利润税"政策时，污染损害不会进入污染性寡头垄断企业的利润函数，因此，无论污染损害系数有多大，都与污染性寡头垄断企业的决定无关。

（2）如果在两项政策（例如，"仅排放税"和"利润税与排放税的组合"）下都征收了排放税，则最佳排放税率和污染性寡头企业的绿色创新投资，会分别随着污染损害因子 d 的增加而增加。这些结果是因为当污染损害因子增加时，由相同数量的污染物引起的负面社会福利上升，政府监管者的最佳选择是提高排放税，以鼓励污染性寡头企业减少污染排放。

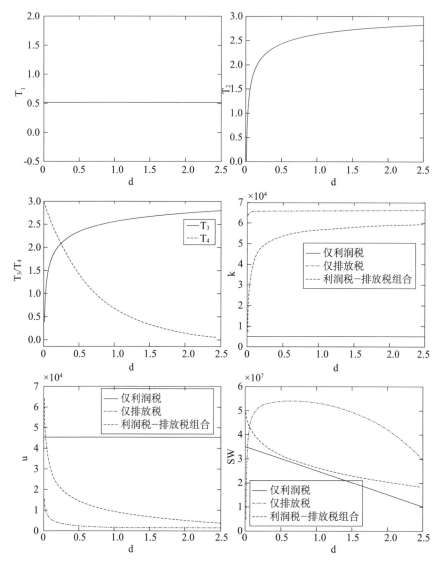

图 6－2　在最优利润税率、最优排放率和最优利润税率与排放率组合下，
污染损害因子 d 从 0 变为 2.5 的情况下，寡头企业的绿色创新投资、
能力投资以及相应的社会福利水平的路径

资料来源：笔者根据公式计算结果及运用 MATLAB 软件作图的结果整理绘制而得。

另外,从图 6-2 中可以看到,在"利润税和排放税的结合"的情况下,随着污染损害因子的增加,最优排放税率增加,而最优利润税率下降,并且,越来越接近于 0。这样,在"利润税和排放税"情况下的最优排放税率,就越来越接近在"仅排放税"情况下的最优排放税率。因此,如果污染损害因子足够大,则"利润税和排放税的结合"政策与"仅排放税"政策是一样的。这一结论支持当污染损害因子足够大时,利润税将会被排放税逐步替代的观点。

如果污染损害因子低于一定值,考察图 6-2,发现"仅排放税"导致绿色创新投资的最高水平,次高水平是由"排放税和利润税"政策主导的。当政府监管机构执行"仅利润税"政策时,绿色创新水平最低。

(3)随着污染损害因子 d 的增加,当政府监管者执行"仅利润税"政策时,产能投资最高。取得第二位的产能投资水平的是"排放税和利润税"政策。在"仅排放税"的情况下,产能投资水平最低。其原因是,当实行排放税时,被征税的污染企业的边际成本上升,导致最优产量下降。企业的产能投资相应下降。

(4)总体而言,当污染损害因子增加时,在"仅排放税""仅利润税"以及"利润税与排放税的组合"三种政策下社会福利水平分别下降。另外,如果污染损害因子 d 很小,利润税在社会福利方面似乎具有一些优势,而随着污染损害因子 d 的增加,由排放税产生的社会福利超过由利润税产生的社会福利。当污染损害因子超过一定值时,"仅排放税"政策导致最高的社会福利水平,"排放税和利润税的组合"政策导致社会福利水平次高。最低的社会福利水平在监管机构执行"利润税"政策时出现。

6.5 结论

本章的主要目的,是研究面临维持公共事务和改善环境双重责任的政府监管机构的最优税收机制。为了实现这些目标,研究了政府监管机构与污染性寡头企业之间的博弈过程及其最佳策略,并得出了以下四点重要结论。

（1）在"仅排放税""仅利润税"以及"利润税与排放税的组合"三项政策中，无论执行哪项政策，都有一个最佳税率来最大化社会福利。但是，如果采用不同的政策，社会福利水平可能会有所不同。如果污染不严重，或者人们认为污染损害不严重，利润税在社会福利方面具有一定优势。然而，当污染问题变得严重时，排放税具有明显优势。甚至在"仅排放税"政策下的社会福利水平也可以高于执行"利润税和排放税相结合"政策的情况。因此，考虑到污染问题的严重性，用排放税代替利润税可能是合理的。

（2）最优排放税率分别随着市场上的企业数量和污染损害因子的增加而增加，而最优利润税率在下降。

（3）"仅排放税"政策，导致绿色创新投资达到最高水平；次高水平是由"排放税和利润税"政策导致的；而"仅利润税"政策并没有激励绿色创新。

（4）污染性寡头企业的绿色创新投资，随着市场中企业数量的增加而减少；它显示为一条"U"形曲线，但不是倒"U"形曲线。这一结果与熊彼特（1934，1942）提出的假说是一致的，而与阿罗和纳尔逊（1962）则相反。产能投资也随着公司数量的增加而减少。此外，执行"仅利润税"政策时，能力投资水平最高，而"利润税和排放税"则导致次高的能力投资水平，而当寡头企业执行"仅排放税"政策时，能力投资水平最低。这些发现清晰地表明，排放税确实会对企业的行为产生一些扭曲的影响，它增加了企业的边际成本，从而导致企业提高价格并减少数量。

尽管本章研究结论表明，当污染损害因子异常大时，应将排放税代替利得税，但我们无意否认利润税在获取公共收入和调整收入分配方面的重要性。但是，我们认为当污染严重时，利润税的部分功能可以由排放税代替，我们认为这是控制严重污染的有效方法。我们的研究可以为政府监管机构根据污染破坏强度选择监管政策提供指导，并提供相应的最优政策设计框架。更具体地说，这项研究的结果可以应用于对污染密集型行业的企业进行监管。如火电行业、钢铁行业、水泥行业等。

附录 6 – 1

证明　命题 6 – 1

从动态系统式（6 – 11）中，我们可以获得以下雅可比矩阵：

$$J = \frac{\partial \left[\dot{x}_i(t), \dot{s}_i(t), \dot{A}_{ui}(t), \dot{A}_{ki}(t), \dot{u}_i(t), \dot{k}_i(t), \dot{\chi}_1(t), \dot{\chi}_2(t), \dot{\chi}_3(t), \dot{\chi}_4(t) \right]}{\partial \left[x_i(t), s_i(t), A_{ui}(t), A_{ki}(t), u_i(t), k_i(t), \chi_1(t), \chi_2(t), \chi_3(t), \chi_4(t) \right]}$$

$$= \begin{bmatrix}
-\delta & 0 & b_u & 0 & 1 & 0 & 0 & 0 & 0 & 0 \\
1 & -\eta & 0 & -b_k & 0 & -1 & 0 & 0 & 0 & 0 \\
0 & 0 & -\gamma_u & 0 & \mu_u & 0 & 0 & 0 & 0 & 0 \\
0 & 0 & 0 & -\gamma_k & 0 & \mu_k & 0 & 0 & 0 & 0 \\
\dfrac{n}{\alpha_u} & 0 & 0 & 0 & \rho+\delta-\mu_u b_u & 0 & 0 & \dfrac{-1}{2\alpha_u} & \dfrac{\mu_u(\gamma_u-\delta+\mu_u b_u)}{2\alpha_u} & 0 \\
0 & 0 & 0 & 0 & 0 & \rho+\eta-\mu_k b_k & 0 & 0 & 0 & \dfrac{\mu_k(\gamma_k+\mu_k b_k-\eta)}{2\alpha_k} \\
2n & 0 & 0 & 0 & 0 & 0 & \rho+\delta & -1 & 0 & 0 \\
0 & 0 & 0 & 0 & 0 & 0 & 0 & \rho+\eta & 0 & 0 \\
0 & 0 & 0 & 0 & 0 & 0 & -b_u & 0 & \rho+\gamma_u & 0 \\
0 & 0 & 0 & 0 & 0 & 0 & 0 & b_k & 0 & \rho+\gamma_k
\end{bmatrix}$$

$$(6 - A)$$

从（6 – A）中，我们可以得出 $|\Phi E - J| = 0$。这意味着雅可比矩阵 J 具有负特征根。例如，$\Phi_1 = -\eta$。因此，稳态点是鞍点均衡。

附录 6 – 2

该证明类似于附录 5 – 2 和附录 5 – 4。故将其省略。

第7章 环境规制对中国制造业绿色
发展的影响研究

绿色发展是社会经济可持续发展的根本要求。利用中国制造业 2009～2018 年的面板数据，扩展 Crepon-Duguet-Mairesse（CDM）模型，考察环境规制对产业创新和绿色发展的影响，研究发现：①从短期来看，环境规制对研发投入有促进作用；②环境规制提高了制造业非发明专利产出和发明专利产出；③在短期内，环境规制可以促进制造业劳动生产率、能源效率、环境效率、绿色全要素生产率的提高，"强"波特假说在此成立；④而从长远来看，环境规制只增加了能源效率和绿色全要素生产率，却降低了劳动生产率。不同的创新产出对劳动生产率、能源效率、环境效率和绿色全要素生产率有不同的影响。因此，从长远发展角度考虑，应该调整工业的专利结构；提高科技成果转化率，加强制造业绿色创新的商业化；制定系统的经济、能源、环境协调发展的政策，保证政策实施的连续性、一致性和稳定性。

7.1 相关研究进展

制造业是国民经济的主体、科技创新的主战场，同时，也是各国综合实力的具体体现。鉴于制造业的地位及其重要性，中国政府对制造业提出了明确的发展要求："要推进中国制造向中国创造转变，中国速度向中国质量转变，制造大国向制造强国转变。"[1] 然而，目前，中国制造业的发展正面临几个亟待解决的问题。其一是环境污染。雾霾等恶劣环境问题频繁出现，使人们清楚地认识到绿色发展的重要性，制造业作为污染物和温室气体排放的主体，在绿色发展中必须承担更多的减排任务。其二是

---

① 《2017 年中央经济工作会议公报》，2017 年 12 月 16 日。

所依赖的能源供需矛盾突出。一方面，能源消耗数量不断上升，2020
年能源消费总量达 49.7 亿吨标准煤，比 2011 年增长 46.2%；另一方
面，能源供给越来越依赖进口，2019 年原油净进口量首次突破 5 亿吨
大关，原油和石油对外依存度双破 70%。[①] 其三是自主创新能力不强，
一些关键制造技术依然受制于人。据世界知识产权组织（WIPO）
《2020 年全球创新指数（GII）报告》，2019 年，中国的创新指数全球
排名仅为 14 位，而 GDP 排名为世界第二，显然，这两个排名极不协
调。面对多重压力，中国制造业过度依靠要素推动的模式已难以为继，
通过创新推动制造业从粗放型增长向绿色发展转型成为必然选择（潘毅
凡，2020）。

波特假说为中国制造业的绿色转型提供了良好的思路。波特假说认
为，精心设计的环境监管可以触发企业的技术创新，从而帮助企业获得
商业竞争力（Porter and Van der Linde，1995）。围绕波特假说已经出现
了大量相关研究。其中，有三个方面的研究与本书密切相关。

第一，环境规制对企业创新投入的影响。多数中外文献的研究结果
支持环境规制对制造业创新投入存在正相关影响。查克拉博蒂和查特吉
（Chakraborty and Chatterjee，2017）认为，环境规制可以促进印度皮革
行业和纺织行业创新投入的增长。科斯塔·坎皮（Costa Campi，2017）
证实了环境规制强度对企业研发投资的激励作用。李园园等（2019）、
谢荣辉（2017）、李百兴和王博（2019）、闫莹等（2020）基于西班牙、
美国、中国等国家数据的实证研究，发现环境规制强度对创新投入具有
单向正向影响。然而，也有部分文献的研究得出了不同结论。例如，内
勒和曼德森（Kneller and Manderson，2012）发现，环境规制无助于增
加英国制造业的研发投资；鲁巴克莱（Rubashkina，2015）发现，现行
环境规制对研发投资的促进效应不显著；张同斌等（2017）研究表明，
环境规制强度与研发投入的关系呈倒"U"形。

第二，创新投入与创新产出之间的关系。大量文献认为，创新投入
是创新产出的关键驱动因素。外文文献科斯塔·坎皮（Costa Campi，

---

① 数据来源于《2020 年国民经济和社会发展统计公报》2021 年 2 月 28 日，http：//
www. stats. gov. cn/tjsj/zxfb/202102/t20210221 - 1814154：html.

2017）使用了西班牙技术企业的面板数据，发现能源行业的研发强度与创新产出正相关。宋等（Song et al. , 2015）分析了 2008 年韩国的数据，表明研发强度对能源密集型产业的创新产出具有强大的正向影响。阿科斯塔（Acosta, 2015）以西班牙食品行业企业和饮料行业企业为样本，指出研发支出对产品创新和组织创新的重要作用。雷蒙德（Raymond, 2015）采用荷兰制造业的面板数据和法国制造业的面板数据。研究结果证明，研发与企业创新之间存在稳健的单向因果关系。弗兰克（Frank, 2016）利用巴西工业部门的数据发现，市场导向的创新投入对创新产出具有正向影响。中文文献伍健等（2018）、李世奇和朱平芳（2019）、王博等（2020）对中国制造业企业的研究结果，也支持创新投入是创新产出的关键因素。

然而，也有一部分中外文文献认为，创新投入与创新产出之间不存在正相关关系。例如，外文文献弗兰克（Frank, 2016）提出，创新投入的技术获取战略对企业创新产出产生负面影响。吉塞蒂和庞托尼（Ghisetti and Pontoni, 2015）也发现，R&D 投资对环境创新的影响并不显著。阿科斯塔等（Acosta et al. , 2015）表明，R&D 支出对企业创新过程没有显著的促进作用。中文文献李梦雅和严太华（2019）研究发现，风险投资支持对企业的研发投入能够产生额外的激励效应，但这一效应并不能直接促进企业增加相应的创新产出。祝影等（2016）发现，外资研发资本投入会抑制内资企业创新产出，外资研发劳动投入会促进内资企业创新产出。政府研发资助对国有企业创新产出的激励比较有限。闫莹等（2020）发现，持续的 R&D 投入和环境规制政策是中国工业创新的决定因素，但对工业创新的影响因创新产出而异。

第三，创新产出与创新绩效的关系。拉曼坦（Ramanathan, 2017）使用了 9 个针对英国企业、中国企业的案例进行研究，结果表明，采用更有活力的办法创新性地对环境法规作出反应的公司，一般能够更好地获得可持续性的私人利益。郭（Guo, 2016）发现，能源技术创新可以促进煤炭经济转型。鲍曼和克里蒂科斯（Baumann and Kritikos, 2016）认为，企业创新与生产率存在显著的正相关关系。吉塞蒂和伦宁斯（Ghisett and Renningsi, 2014）、解学梅和朱琪玮（2021）、冯泰文等（2020）、马文甲等（2020）、郭海等（2021）、杜宇等（2020）的研究均得出了创新产出对创新绩效具有正向影响的结论。但是，也存在不同的观点。例如，阿莫雷斯 – 萨尔瓦多（Amores-Salvado，2014）发现，环境产品创新对企业绩效没有统计上显著的影响；金姆（Kim，2016）认为，创新产出与创新绩效的关系受不确定性的制约。

上述研究在剖析环境规制对产业创新及绿色发展的影响方面做出了巨大贡献，但是，还存在亟待解决的问题。一是企业以何种创新方式来满足环境规制要求，以及环境规制、创新投入、创新产出之间的互动关系等问题，至今尚未得到应有的重视。二是面对环境规制压力，产业采取何种创新过程还需要进一步剖析。针对存在的问题，本章采用扩展的 CDM 模型，深入分析环境规制对产业创新投入和产业创新产出的影响，以及环境规制、创新投入、创新产出之间的互动关系，并从中剖析产业在应对环境规制中的创新过程，为中国环境规制的优化提供决策参考。

7.2　基本模型与数据

7.2.1　基本模型

经典的概念数据模型（CDM）包括三个递归方程：创新投入方程、创新产出方程和生产率方程。创新投入方程用来研究研发投入（R&D）的影响因素，创新产出方程分析研发投入因素对研发产出的影响，生产率方程检验创新对企业生产率的影响程度（Marin，2014）。本章根据研究需要，对上述三个方程进行扩展，构建扩展的 CDM 模型。

1. 研发方程

对经典的 CDM 模型的研究方程进行扩展，得到下列研发方程：

$$R\&D_{i,t} = \alpha_0 + \alpha_1 R\&D_{i,t-1} + \alpha_2 ER_{i,t} + \alpha_3 ER_{i,t-1} + \alpha_4 Control_{i,t} + \varepsilon_{i,t}$$

$$(7-1)$$

式（7 – 1）将 i 行业 t 年的研发强度 $R\&D_{i,t}$ 作为被解释变量，解释变量 $R\&D_{i,t-1}$、$ER_{i,t}$、$ER_{i,t-1}$ 和 $Control_{i,t}$ 分别代表 i 行业 t 年滞后一期的 R&D、环境规制、滞后一期的环境规制以及控制变量。其中，所选择的控制变量包括政府补贴（$SUB_{i,t}$）、外国直接投资（$FDI_{i,t}$）、资本密集度（$CI_{i,t}$）、所有制类型（$OWN_{i,t}$）、行业规模（$GDP_{i,t}$）。此外，α_0 是常数项、$\varepsilon_{i,t}$是随机误差项。

环境规制（ER）是本章的关键变量，我们借鉴鲁巴克莱（Rubashkina，2015）的方法，用工业污染处理设施营运费用表示这一变量，因为它体现了工业各部门对环境规制政策的具体反应，它的增加是政府实施环境规制政策的结果。

研发方程中解释变量的设置，主要基于以下考虑。第一，用滞后一期的 R&D 来考察 R&D 方程的动态效应（Kneller and Manderson，2012）。第二，根据波特假说，精心设计的环境监管可以鼓励企业进行技术创新，而且，有大量后续研究支持波特假说（张平等，2016），因此，本章假设环境规制是企业创新的推动力之一。第三，为了捕捉环境规制对产业创新影响的滞后效应，滞后一期的环境规制也应该纳入解释变量（Zhao and Sun，2016；Ren，2016）。第四，控制变量的选择借鉴了袁等（Yuan et al.，2018）的研究，并且相关研究表明，这 5 个控制变量在一定程度上影响产业 R&D 投入。

2. 创新方程

创新方程旨在考察行业研发投入等因素对创新产出的影响。专利产出（实质性创新）$PAT_{i,t}$和非专利产出（策略性创新）$NPAT_{i,t}$，一般用来作为创新产出的衡量指标（Yuan et al.，2018）。除此之外，为了更全面地衡量创新产出，参考郭爱芳和陈劲（2013）的研究，本章还把新产品销售额 $NEW_{i,t}$作为测算创新产出的指标。

对于创新方程中被解释变量的设置有下列考虑：创新投入是创新产出的主要因素，而且，它还存在滞后影响（Yuan et al.，2018），所以，本期及滞后一期的 R&D 是两个关键的自变量；根据波特假说和随后的相关研究（Yuan et al.，2018；苏昕等，2019），本章把本期及滞后一期的环境规制作为创新产出的重要影响因素；由于劳动力素质和研发机构数量对创新产出具有重要作用，因此，除了式（7-1）中的控制变量外，在创新方程中还应当增加劳动力质量 $LAB_{i,t}$和研发机构数量 $TI_{i,t}$作为控制变量。综合上述考虑，给出下列创新方程：

$$
\begin{cases}
PAT_{i,t} = \beta_0 + \beta_1 R\&D_{i,t} + \beta_2 R\&D_{i,t-1} + \beta_3 ER_{i,t} + \beta_4 ER_{i,t-1} + \beta_5 Control_{i,t} + \varepsilon_{i,t} \\
NPAT_{i,t} = \phi_0 + \phi_1 R\&D_{i,t} + \phi_2 R\&D_{i,t-1} + \phi_3 ER_{i,t} + \phi_4 ER_{i,t-1} + \phi_5 Control_{i,t} + \varepsilon_{i,t} \\
NEW_{i,t} = \delta_0 + \delta_1 R\&D_{i,t} + \delta_2 R\&D_{i,t-1} + \delta_3 ER_{i,t} + \delta_4 ER_{i,t-1} + \delta_5 Control_{i,t} + \varepsilon_{i,t}
\end{cases}
$$

$$(7-2)$$

3. 生产率方程

相关研究用行业的劳动生产率、能源效率以及环境效率等指标来衡量创新对生产率的影响（Yuan et al.，2018）。考虑到中国制造业经济、能源、环境协调发展的现实需要和实现"强"波特假说的最终目标，本章使用绿色全要素生产率来衡量中国制造业的绿色发展水平。因此，本章生产率方程的被解释变量为四个，分别是劳动生产率 $LP_{i,t}$、能源效率 $ENE_{i,t}$、环境效率 $ENV_{i,t}$ 以及绿色全要素生产率 $GTFP_{i,t}$。

式（7-2）中，衡量创新产出的三个被解释变量专利产出 PA 在 $T_{i,t}$、非专利产出 $NPAT_{i,t}$ 和新产品销售额 $NEW_{i,t}$ 作为生产率方程的关键自变量，创新产出是推动生产率提高的决定性因素。此外，根据波特假说，生产率方程中还加入了环境规制指标作为解释变量；借鉴陈和戈利（Chen and Golley，2014）的研究，用被解释变量的滞后变量和环境规制滞后变量来研究动态效应；由于被解释变量是用工业总产值指标来衡量的，行业规模在此不再宜于作为控制变量，因此，除了行业规模以外，式（7-1）中的其他控制变量也是本方程的控制变量。

根据上述分析，得到下列生产率方程：

$$
\begin{cases}
LP_{i,t} = \gamma_0 + \gamma_1 LP_{i,t-1} + \gamma_2 PAT_{i,t} + \gamma_3 NPAT_{i,t} + \gamma_4 NEW_{i,t} + \gamma_5 ER_{i,t} \\
\quad + \gamma_6 ER_{i,t-1} + \gamma_7 Control_{i,t} + \varepsilon_{i,t} \\
ENE_{i,t} = \theta_0 + \theta_1 ENE_{i,t-1} + \theta_2 PAT_{i,t} + \theta_3 NPAT_{i,t} + \theta_4 NEW_{i,t} + \theta_5 ER_{i,t} \\
\quad + \theta_6 ER_{i,t-1} + \theta_7 Control_{i,t} + \varepsilon_{i,t} \\
ENV_{i,t} = \kappa_0 + \kappa_1 ENV_{i,t-1} + \kappa_2 PAT_{i,t} + \kappa_3 NPAT_{i,t} + \kappa_4 NEW_{i,t} + \kappa_5 ER_{i,t} \\
\quad + \kappa_6 ER_{i,t-1} + \kappa_7 Control_{i,t} + \varepsilon_{i,t} \\
GTFP_{i,t} = \lambda_0 + \lambda_1 TFP_{i,t-1} + \lambda_2 PAT_{i,t} + \lambda_3 NPAT_{i,t} + \lambda_4 NEW_{i,t} + \lambda_5 ER_{i,t} \\
\quad + \lambda_6 ER_{i,t-1} + \lambda_7 Control_{i,t} + \varepsilon_{i,t}
\end{cases}
$$

$$(7-3)$$

归纳式（7-1）、式（7-2）、式（7-3）中的所有变量设置，得到下列回归模型中所有变量定义，见表7-1。

表 7 – 1 回归模型中所有变量的定义

变量	定义	单位
研发强度（R&D）	产业人均研发投入	元/人
发明专利（PAT）	行业发明专利数量	件
非发明专利（NPAT）	该行业的专利申请总数减去发明专利数	件
新产品销售（NEW）	行业新产品销售量	万元
劳动生产率（LP）	人均工业产值	万元/人
能源效率（ENE）	由 SE – EDA 模型计算	—
环境效率（ENV）	由 SE – EDA 模型计算	—
绿色全要素生产率（GTFP）	由 SE – EDA 模型计算	—
环境规制（ER）	工业污染处理设施营运费用	万元
政府补贴（SUB）	政府对科技活动的资助	万元
外商直接投资（FDI）	大中型外商投资企业和中国港澳台地区企业的投资	万元
资本密度（CI）	固定资产/行业总资产	%
所有权类型（OWN）	国有及国有控股企业产值占行业总产值的比例	%
产业规模（GDP）	工业总产值	亿元
劳动力的质量（LAB）	研发机构拥有硕士学位或博士学位的人数比例	%
研发机构（TI）	企业研发机构的数量	个

注："—"表示无单位。

7.2.2 数据来源和数据处理

为了便于数据的统计分析，依据《国民经济产业分类标准》（GB/T 4754 – 2011）和《中国统计年鉴》《中国环境统计年鉴》《中国科学技术统计年鉴》《中国能源统计年鉴》的行业分类，我们将中国的制造业分为 28 个子行业，见本章附录表 7A.1。

研发投入、专利数量、发明专利数量、新产品销售、政府补贴、劳动力素质、研发机构数量等数据来源于《中国科学技术统计年鉴》（2009～2019 年）。各行业能耗数据来源于《中国能源统计年鉴》（2009～2019 年）。废水排放量、化学需氧量（COD）排放量、废气排放量、二氧化硫 SO_2 排放量、烟尘排放量、固体废物排放量、工业污染处理设施运行费用等数据参见《中国环境统计年鉴》（2009～2019 年）。二氧化碳（CO_2）排放量按照政府间气候变化专门委员会（intergovernmental panel on climate change，IPCC）、《国家温室气体清单指南》中提到的方法计算（Prasad and Mishra，2017）。资本投入、劳动投入、总产值、外商直接投资（FDI）、市场竞争、资本强度、所有制类型等数据来源于《中国统计年鉴》（2009~2019 年）和《中国产业统计年鉴》（2009~2019 年）。

能源效率、环境效率和绿色全要素生产率（GTFP）采用 SE-DEA 模型计算（Yuan et al.，2017）。衡量能源效率的投入指标包括综合能源消耗、资本投入、劳动投入，产出指标为行业总产值（Lin and Zheng，2017）。在环境效率方面，输入指标包括废水、废气、COD、SO_2、烟尘、固体废弃物、CO_2，输出指标为行业总产值。GTFP 的投入指标包括，综合能源消耗、资本投入和劳动力投入。不良产出包括废水、废气、COD、SO_2、烟尘和灰尘、固体废弃物和二氧化碳。理想产出为行业总产值（Li and Wu，2017；Yuan et al.，2017）。各行业固定资产投资采用永续盘存法计算（Lin and Zhao，2016；Meng et al.，2016）。表 7-2 总结了计量经济学模型中各变量的描述性统计。

表 7-2		变量的描述性统计			
变量	平均值	最大值	最小值	标准差	观测值
R&D	3.681	5.215	1.820	0.701	110
PAT	9.290	11.515	7.085	0.965	110
NPAT	9.689	11.493	7.631	0.974	110
NEW	18.120	19.874	15.940	0.860	110
LP	1.473	1.864	0.962	0.274	110
ENE	0.375	0.663	0.038	0.194	110
ENV	1.031	1.129	0.910	0.064	110
GTFP	0.962	1.105	0.826	0.075	110
ER	7.365	7.718	6.773	0.289	110
SUB	14.391	14.937	13.373	0.479	110
FDI	9.135	10.748	7.849	0.693	110
CI	-1.121	-0.525	-1.593	0.273	110
OWN	-1.332	-0.497	-2.018	0.457	110
GDP	12.292	12.629	11.836	0.226	110
LAB	4.984	11.024	0.154	3.000	110
TI	8.193	8.218	8.103	0.033	110

资料来源：笔者根据《中国环境统计年鉴》数据库，应用 Stata16.0 软件计算整理而得。

7.3 实证结果与讨论

7.3.1 平稳性检验和整合性检验

在进行计量回归分析之前，我们对数据进行平稳性检验。在本章中，我们采用 LLC（Levin-LinChu）检验、IPS（Im-Pesaran-Shin）检验、Fisher-ADF 检验和 Fisher-PP 检验来确定变量的稳定性，同时，也保证了检验的稳健性。其中，LLC 检验是具有相同单位根的检验方法，而 IPS 检验、Fisher-ADF 检验和 Fisher-PP 检验是具有不同单位根的检验方法。四个检验的零假设存在单位根。单位根检验方程，包括常数和时间趋势。结果表明，各变量均是平稳的，见表 7-3。

表 7-3 单位根检验

变量	LLC	IPS	Fisher-ADF	Fisher-PP	Result
R&D	-25.2648 ***	-16.7885 ***	128.031 ***	59.5293 ***	平稳
PAT	-16.1547 ***	-2.50035 ***	51.1782 ***	18.5680 *	平稳
NPAT	-10.0079 ***	-1.16191	34.0502 **	19.2723	平稳
NEW	-18.5328 ***	-4.25463 ***	72.0709 ***	39.6816 ***	平稳
LP	-10.3787 ***	-2.38091 ***	49.5391 ***	74.7533 ***	平稳
ENE	-9.52439 ***	-2.86423 ***	40.9977 ***	136.277 ***	平稳
ENV	-16.1457 ***	-6.76552 ***	107.534 ***	150.428 ***	平稳
GTFP	-11.1884 ***	-8.19028 ***	95.8191 ***	62.2050 ***	平稳
ER	-105.664 ***	-27.8026 ***	184.207 ***	88.7998 ***	平稳
SUB	-11.5790 ***	-5.33786 ***	66.7089 ***	112.627 ***	平稳
FDI	-9.79973 ***	-5.08877 ***	69.6888 ***	114.088 ***	平稳
CI	-1.95568 **	0.98786	17.5245	18.0078	平稳
OWN	-4.05878 ***	-1.27291	29.2212 *	30.2616 *	平稳
GDP	-7.43660 ***	-2.28860 ***	34.9405 ***	40.8481 ***	平稳
LAB	-4.41549 ***	-0.87248	27.8260	31.6792 **	平稳
TI	-0.78501	15.9912	11.1276	43.9578 ***	平稳

资料来源：笔者根据《中国环境统计年鉴》的数据库，应用 Stata16.0 软件计算整理而得。***、**、* 分别表示在 1%、5% 和 10% 的水平上显著。

由于在四个单位根检验方法中，只要有一个方法证明数据是平稳的，就可以说数据是平稳的，因此，我们可以得出结论，表 7 - 3 中所有变量都是平稳的。变量都平稳之后，无须再进行协整检验。

7.3.2 研发强度

表 7 - 4 给出了式（7 - 1）在混合 OLS 模型、固定效应（FE）模型以及两步系统 GMM 模型，其中，式（7 - 1 - 3）考察当期环境规制的影响，式（7 - 1 - 4）考察滞后一期环境规制的影响。四个模型下环境规制对制造业研发强度影响的估计结果。由于产业创新可能对环境规制产生反向影响，有必要对环境规制的内生性进行检测。Hausman 检验的 $\chi^2(1)$ 为 5.01（p = 0.17），说明环境规制不存在内生性问题。DWH 检验的 $\chi^2(1)$ 为 1.63（p = 0.15），进一步证明了结论。为了消除异方差，在进行回归分析时，我们对所有变量取对数，采用稳健标准差得到 t 值或 z 值。为了避免多重共线性，分别对现行的环境规制和滞后的环境规制进行回归分析。

动态面板系统 GMM 估计的一致性，要求二阶差分残差不相关。表 7 - 4 的式（7 - 1 - 3）和式（7 - 1 - 4）的结果表明，原假设被 AR（1）拒绝，被 AR（2）接受，AR（2）不显著，证实二阶残差不存在自相关，不能否定原假设。同时，式（7 - 1 - 3）和式（7 - 1 - 4）的 Sargan 检验支持原假设，证明工具变量是有效的。系统 GMM 估计量是一致的。

在表 7 - 4 中的式（7 - 1 - 3）中，$R\&D_{t-1}$ 的系数为 0.509（p < 0.01），预测以前的研发强度每增加 1%，当前的研发强度将增加 0.509%。环境规制与制造业研发强度呈正相关且显著，说明环境规制对研发投入的挤出效应不明显，反之，环境规制促进了研发投入的增加。这一结果与毕茜和于连超（2019）的研究一致。该文献利用 2007～2015 年中国沪深两市 A 股工业上市公司的数据，考察了环境税对企业技术创新的影响，研究发现，环境税可以有效地提高企业研发投入。而在式（7 - 1 - 4）中，引入滞后的环境规制后，我们发现滞后的环境规制也可以显著促进制造业的研发强度，证明环境规制对研发强度存在滞后效应，并且，在长期内会显著地促进研发投入。这个结果也

与毕茜和于连超（2019）得到的结论一致，该文献认为，环境规制可以有效地提升企业下期及企业下下期的研发投入。得出上述结论的主要原因是本章使用了当前可得到的最新数据，而中国制造业在"十三五"期间大力提倡"中国创造"，因此，国家大力支持制造业的创新投入、研发投入，中国制造业的发展已经从依赖资源投入和能源投入的发展路径转向依靠高新技术发展，即创新驱动发展。在此背景下，产业创新驱动能力较强，研发投入较高。在国家政策支持与创造业创新发展的趋势下，企业的研发投入不断提高，用以支持行业的发展创新。

表 7 - 4   R&D 方程的回归结果

变量	式（7-1-1）（混合 OLS）	式（7-1-2）（FE）	式（7-1-3）（SYS-GMM）（当期）	式（7-1-4）（SYS-GMM）（滞后一期）
$R\&D_{t-1}$	0.859 *** (21.05)	0.489 *** (5.18)	0.509 *** (6.95)	0.535 *** (2.99)
ER	1.482 *** (7.85)	0.886 *** (3.99)	0.222 *** (3.63)	—
ER_{t-1}	—	—	—	0.239 ** (2.39)
SUB	-0.709 *** (-6.25)	-0.399 *** (-3.08)	0.198 *** (7.35)	0.009 (0.39)
FDI	0.094 *** (3.01)	0.370 *** (2.87)	0.671 * (1.89)	-0.351 *** (-4.49)
CI	-0.087 (-1.60)	-0.258 *** (-2.98)	-0.197 *** (-2.91)	-0.211 ** (-1.55)
OWN	0.016 (0.59)	0.065 (0.32)	0.288 (0.57)	0.234 *** (6.05)
GDP	-0.315 (-1.29)	0.460 (1.51)	0.986 *** (8.45)	1.097 *** (5.22)
Cons	2.863 (1.44)	-8.095 *** (-2.55)	2.213 *** (5.49)	2.868 *** (8.23)
R^2	0.982	0.986		
F-value	649.11 [0.00]	332.40 [0.00]	—	—
AR（1）	—	—	-2.089 [0.03]	-2.228 [0.02]

变量	式（7-1-1）（混合 OLS）	式（7-1-2）（FE）	式（7-1-3）（SYS-GMM）（当期）	式（7-1-4）（SYS-GMM）（滞后一期）
AR（2）	—	—	0.196 [0.84]	0.157 [0.88]
Sarganχ^2	—	—	20.27 [0.83]	19.24 [0.86]
Observations	110	110	80	80

注：“—”表示无数据。

资料来源：笔者根据《中国环境统计年鉴》数据库，应用 Stata16.0 软件计算整理而得。括号中为统计量 t 或 z 统计量，方括号中为 p 值，***、** 和 * 分别表示在 1%、5% 和 10% 水平上显著。

7.3.3　创新输出

表 7-5 给出了式（7-2）的估计结果。鉴于式（7-2-1）~式（7-2-4）中的因变量为专利数量，这是非负整数，我们使用负二项回归模型（NB2）（Marin，2014）。式（7-2-1）表示自变量为当期的 ER、R&D，式（7-2-2）表示自变量为滞后一期的 ER、R&D。式（7-2-3）~式（7-2-6），以此类推。式（7-2-1）~式（7-2-4）的 α 值在 99% 的置信区间。因此，在 1% 的显著性水平下，拒绝参数 α 等于 0 的原假设，适用负二项（NB2）回归模型。在对式（7-2-5）和式（7-2-6）进行估计之前，我们采用 Hausman 检验在固定效应模型和随机效应模型之间进行选择，结果表明，应该选择固定效应模型。

表 7-5 中的式（7-2-1）和式（7-2-2）给出了环境规制和研发强度对制造业发明专利影响的估计结果。ER 系数为 0.164（p < 0.01），说明环境规制对发明专利的促进作用显著，滞后的环境规制同样具有促进作用，虽然结果并不显著。这与毕茜和于连超（2019）的研究结果一致，该文献认为环境规制会显著地促进企业发明专利的申请量。这说明，中国近 10 年的环境规制政策对发明专利起到了很好的促进作用。在 R&D 方程中，环境规制促进了 R&D 投入，在第二阶段，进一步促进了发明专利的产出。R&D 系数为 1.043（p < 0.01），意味着 R&D 强度对制造业发明专利有很大的促进作用。这与金潇等（2020）的结论一

致。同时，滞后的研发强度对发明专利的促进作用显著，其效应强度比当期的研发强度要弱，说明研发投入的效应具有明显的滞后性和连续性。

表7-5中的式（7-2-3）和式（7-2-4）显示了环境规制和研发强度对制造业非发明专利影响的估计结果。ER 系数为 0.384（p < 0.1），说明环境规制对非发明专利的促进作用显著。这是由于环境规制促进了制造业的研发投入，非发明专利的产出进一步增加。R&D$_i$ 的回归系数为 0.330（p < 0.01），说明 R&D 强度促进了制造业非发明专利。但与式（7-2-1）相比，非发明专利的研发强度弹性更低。滞后的研发强度对非发明专利的影响也是正向的，其效应程度与当期的研发强度相同。

表7-5中的式（7-2-5）和式（7-2-6）给出了环境规制和研发强度对制造业价值产出影响的估计结果。ER 的系数不显著，而 ER$_{t-1}$ 的系数显著，说明当期的环境规制对制造业价值产出的影响不明显，而滞后一期的环境规制有利于当期的价值产出增加。这可以归结为两个原因。一方面，环境规制一般是政策性的措施，而政策的实施本身就有滞后性，因此，环境规制的促进作用也表现出滞后性；另一方面，中国制造业技术创新转化能力在加强。环境规制所带来的技术创新正在有效地转化为制造业的经济效益。R&D 的系数为 0.886（p < 0.01），表明 R&D 强度显著提高了制造业的新产品销售额，滞后的 R&D 强度也显著提高了新产品销售额。廖直东等（2019）利用 2000 ~ 2015 年中国大中型工业企业数据，同样发现，研发投入强度的提高是中国工业新产品创新发展的主要影响因素。

表7-5　　　　　　　　　创新方程的回归结果

变量	专利产出				价值产出	
	PAT		NPAT		NEW	
	式 (7-2-1)	式 (7-2-2)	式 (7-2-3)	式 (7-2-4)	式 (7-2-5)	式 (7-2-6)
ER	0.164*** (0.05)		0.384* (0.23)		-0.169 (0.25)	
R&D	1.043*** (0.16)		0.330*** (0.12)		0.886*** (0.06)	
ER$_{t-1}$		0.287 (0.39)		0.485 (0.35)		-0.812*** (0.23)

续表

变量	专利产出				价值产出	
	PAT		NPAT		NEW	
	式 (7-2-1)	式 (7-2-2)	式 (7-2-3)	式 (7-2-4)	式 (7-2-5)	式 (7-2-6)
R&D$_{t-1}$		0.315*** (0.10)		0.328* (0.19)		0.709*** (0.06)
LAB	0.045*** (0.01)	0.122*** (0.02)	-0.072 (0.02)	-0.078*** (0.02)	-0.042*** (0.01)	-0.042*** (0.01)
TI	1.950 (1.27)	3.504** (1.69)	1.342 (1.73)	3.017** (1.53)	-1.766** (0.76)	-0.666 (0.93)
SUB	-0.401 (0.24)	-0.685** (0.32)	-0.699** (0.33)	-0.679** (0.29)	0.113 (0.16)	0.128 (0.19)
FDI	-1.134*** (0.28)	0.363*** (0.11)	0.441*** (0.11)	0.742*** (0.10)	0.363*** (0.04)	0.468*** (0.05)
CI	-0.026 (0.19)	-0.318 (0.26)	0.467* (0.25)	-0.070 (0.24)	-0.340*** (0.08)	-0.491*** (0.09)
OWN	-0.870** (0.41)	0.030 (0.15)	-0.712*** (0.14)	-0.498*** (0.14)	0.158*** (0.04)	0.184*** (0.04)
GDP	1.737*** (0.64)	2.813*** (0.79)	1.458* (0.82)	2.834*** (0.71)	0.005 (0.40)	1.317*** (0.47)
Cons	-1.837 (1.33)	-5.179*** (1.85)	-1.994 (1.81)	-5.133*** (1.67)	25.607** (8.24)	4.546 (10.59)
α	0.046	0.032	0.036	0.027		
Log pseudo-likelihood	-856.21	-760.24	-864.14	-770.41		
R^2					0.978	0.968
F-value					442.64 [0.00]	268.20 [0.00]
Hausman					33.94 [0.00]	30.87 [0.00]
Observations	110	100	110	100	110	100

资料来源：笔者根据《中国环境统计年鉴》数据库，应用 Stata16.0 软件计算整理而得。括号中为标准差，方括号中为 p 值，***、** 和 * 分别表示在 1%、5% 和 10% 水平上显著。

7.3.4 生产率

表 7 - 6 给出了式 (7 - 3) 的估计结果, 为了考察因变量的累积效应, 我们采用系统 GMM 方法对式 (7 - 3) 进行估计, 式 (7 - 3 - 1) ~ 式 (7 - 3 - 8) 的二阶差分残差不存在自相关。且通过 Sargan 检验, 不能拒绝零假设, 说明工具变量是有效的。因此, 系统 GMM 估计量是满足一致性的。式 (7 - 3 - 1) 表示的自变量为当期 ER, 式 (7 - 3 - 2) 表示的自变量为滞后一期的 ER, 式 (7 - 3 - 3) ~ 式 (7 - 3 - 8), 以此类推。

表 7 - 6 中的式 (7 - 3 - 1) 和式 (7 - 3 - 2) 显示了环境规制和创新产出对制造业劳动生产率影响的估计结果。DEP_{t-1} 的系数为 0.704 (p < 0.01), 表明前一期的劳动生产率每提高 1%, 当期劳动生产率就会提高 0.704%。ER 系数为 0.200 (p < 0.05), 说明环境规制对提高劳动生产率有显著作用。同时, 发明专利、非发明专利和新产品的销售极大地促进了劳动生产率的提高。这意味着, 环境规制引发的创新, 有助于劳动生产率的提高。相反, ER_{t-1} 的系数为 - 0.127 (p < 0.01)。这与蒋伏心和侍金环 (2020) 的研究有异曲同工之处。该文献认为, 环境规制与劳动生产率之间存在 "U" 形关系, 从这个发现来说, 中国环境规制正在向方法越来越丰富、实施越来越严格的方向发展。从长远来看, 环保法规的遵守成本超过了创新带来的收益。资本密集度和所有制对制造业劳动生产率有显著的促进作用。

表 7 - 6 中的式 (7 - 3 - 3) 和式 (7 - 3 - 4) 显示了环境规制和创新产出对制造业能源效率影响的估计结果。DEP_{t-1} 的系数为 0.837 (p < 0.01), 表明能源效率提高 1%, 将使当前能源效率提高 0.837%。ER 的系数和 ER_{t-1} 的系数分别为 0.164 (p < 0.01) 和 0.099 (p < 0.01), 说明环境规制能够显著提高能源效率, 且有滞后性。与上述结果相一致, 周和冯 (Zhou and Feng, 2017) 发现, 环境规制有助于通过技术进步降低能源消耗、提高能源效率。非发明专利和新产品的销售大大促进了能源效率, 因为中国制造业的技术改造需要非发明专利。工艺流程和产品外观的改进, 往往会有效地降低能耗 (Zhou and Feng, 2017)。此外, 将非发明专利转化为价值产出, 有利于工业经济发展和节能双赢。

表 7 - 6　　　　　　　　　　　生产率方程回归结果

变量	LP		ENE		ENV		GTFP	
	式 (7 - 3 - 1)	式 (7 - 3 - 2)	式 (7 - 3 - 3)	式 (7 - 3 - 4)	式 (7 - 3 - 5)	式 (7 - 3 - 6)	式 (7 - 3 - 7)	式 (7 - 3 - 8)
DEP_{t-1}	0. 704 *** (0. 19)	0. 477 ** (0. 21)	0. 837 *** (0. 02)	1. 144 *** (0. 10)	1. 306 *** (0. 04)	- 0. 670 *** (0. 22)	0. 645 ** (0. 29)	1. 097 * (0. 62)
ER	0. 200 ** (0. 10)		0. 164 *** (0. 01)		0. 678 *** (0. 09)		1. 291 * (0. 71)	
ER_{t-1}		- 0. 127 *** (0. 01)		0. 099 *** (0. 03)		0. 026 (0. 23)		0. 939 *** (0. 27)
PAT	0. 304 *** (0. 08)	0. 392 *** (0. 10)	- 0. 380 *** (0. 10)	- 0. 388 *** (0. 06)	- 0. 164 *** (0. 03)	- 0. 605 * (0. 32)	0. 277 *** (0. 11)	0. 794 (0. 69)
NPAT	0. 121 (0. 14)	0. 311 ** (0. 14)	0. 368 ** (0. 17)	0. 375 *** (0. 13)	0. 477 ** (0. 20)	1. 178 ** (0. 50)	1. 044 (0. 71)	1. 576 (1. 03)
NEW	0. 375 *** (0. 14)	0. 417 ** (0. 18)	0. 486 ** (0. 19)	0. 473 *** (0. 14)	- 0. 632 *** (0. 14)	- 0. 504 (0. 49)	2. 413 ** (1. 18)	2. 368 *** (0. 70)
SUB	- 0. 068 (0. 05)	0. 086 * (0. 05)	0. 188 *** (0. 04)	0. 189 *** (0. 04)	- 0. 162 *** (0. 03)	0. 110 (0. 22)	- 0. 506 (0. 42)	- 0. 778 ** (0. 32)
FDI	0. 172 (0. 42)	0. 253 (0. 60)	- 0. 061 *** (0. 02)	0. 139 (0. 18)	0. 074 (0. 43)	- 0. 336 (0. 27)	- 0. 645 *** (0. 08)	0. 433 (0. 48)
CI	0. 046 ** (0. 02)	0. 123 *** (0. 01)	- 0. 047 (0. 05)	- 0. 042 (0. 03)	- 0. 159 *** (0. 06)	0. 543 *** (0. 18)	0. 332 *** (0. 03)	0. 664 * (0. 38)
OWN	0. 969 ** (0. 46)	1. 540 *** (0. 58)	0. 070 (0. 74)	0. 596 ** (0. 27)	- 1. 003 (0. 88)	- 1. 019 * (0. 58)	- 1. 107 (1. 30)	1. 086 (0. 95)
Cons	- 0. 556 *** (0. 08)	- 0. 175 *** (0. 08)	- 0. 650 *** (0. 07)	- 0. 402 *** (0. 05)	1. 592 *** (0. 27)	2. 535 *** (0. 20)	2. 534 *** (0. 47)	1. 532 *** (0. 51)
AR (1)	- 2. 10 [0. 04]	- 2. 70 [0. 01]	- 3. 04 [0. 00]	- 2. 28 [0. 02]	- 2. 50 [0. 01]	- 2. 85 [0. 00]	- 2. 28 [0. 02]	- 2. 84 [0. 00]
AR (2)	0. 39 [0. 70]	0. 70 [0. 48]	0. 59 [0. 56]	0. 95 [0. 34]	- 0. 56 [0. 57]	- 0. 81 [0. 42]	- 0. 46 [0. 65]	- 0. 74 [0. 46]
Sarganχ^2	19. 48 [0. 91]	21. 24 [0. 69]	21. 95 [0. 64]	20. 39 [0. 82]	20. 09 [0. 84]	21. 14 [0. 69]	20. 26 [0. 83]	19. 19 [0. 89]
Observations	90	90	90	90	100	100	100	100

　　资料来源：笔者根据《中国环境统计年鉴》数据库，应用 Stata16. 0 软件计算整理而得。括号中为标准差，方括号中为 p 值，*** 、** 和 * 分别表示在 1%、5% 和 10% 水平上显著。

　　表 7 - 6 中的式（7 - 3 - 5）和式（7 - 3 - 6），给出了环境规制和创新产出对制造业环境效率影响的估计结果。DEP_{t-1} 的系数为 1. 306

（p＜0.01），说明往期环境效率增加 1%，导致当期环境效率增加 1.306%。这说明，环境效率的增加是有累积效果的。ER 系数为 0.678（p＜0.01），说明环境规制对环境效率有显著的正向影响。这一结果与杨冕等（2020）的结论一致。该文献也提出环境规制对工业环境效率具有显著的正向促进作用；相反，滞后的环境规制对环境效率的激励作用并不突出，这可能是由于中国的环境政策一经推出后，某些地区在执行过程中存在执法选择性，导致政策的提出与执行大相径庭，其结果也就不尽如人意。发明专利对环境效率的阻碍作用显著，且其对能源效率的负向效应也显著，说明目前中国缺少能够提高能源效率与环境效率的发明专利项目，环境技术创新能力仍然较弱。严翔和成长春（2018）也提出科技创新既要坚持"效率导向"，也要坚持"绿色导向"，避免一味追求高效率，而忽视了高科技对生态环境造成的影响。而非发明专利对环境效率的促进作用显著，说明制造业通过鼓励非发明专利创新来满足环境规制要求。这种创新具有成本低、见效快的特点，符合经济发展和环境保护的双重需要。相比之下，新产品的销售明显抑制了环境效率的增长，这是由于当前环境监管力度有限。在这种情况下，制造业企业负外部性的内部化程度相对较低，从而导致企业发展中对环境保护投入的减弱。

表 7-6 中的式（7-3-7）和式（7-3-8）报告了环境法规和创新产出对制造业 GTFP 影响的估计结果。DEP_{t-1} 的系数为 0.645（p＜0.05），即前期 GTFP 增加 1%，将导致当期 GTFP 增加 0.645%。现行的环境规制和滞后的环境规制对 GTFP 都具有显著的刺激作用。这与吴磊（2020）的观点一致。该文献研究了 2005～2017 年中国绝大部分省（区、市）的绿色全要素生产率，发现自愿型环境规制和市场激励型环境规制在长期内对绿色全要素生产率的增长起到促进作用。赵明亮等（2020）以黄河流域 65 个重点城市为研究对象，研究发现环境规制政策对 GTFP 有显著的正向影响。而李卫兵等（2019）研究表明，两控区[①]政策的实施，显著抑制了中国城市 GTFP 的提升。尽管在环境规制的诱惑下，制造业的能源效率和环境效率得到了提高，但反弹效应的出现导

[①] 两控区是酸雨控制区或者二氧化硫污染控制区的简称。

致能源消耗增加，环境破坏加剧，GTFP 没有得到显著改善。此外，中国目前的环境政策不系统、不全面，无法共同为制造业的绿色发展注入活力。具体而言，政策的碎片化使得企业对环境保护的重视程度在能源消耗和减排之间摇摆不定。因此，制造业经济、能源、环境的协调发展难以实现。PAT 系数为 0.277（p < 0.01），说明发明专利显著促进 GTFP 的改善。可能的原因是，发明专利加速了制造业的经济扩张，大幅增加了 GTFP 的预期产出，降低了能源和环境投资的冗余率。李（Li，2018）支持这一结果，认为技术创新对于推动中国工业绿色生产率的增长至关重要。与发明专利相比，非发明专利对制造业的 GTFP 没有明显优势，如前所述，非发明专利仅是企业满足环境规制要求的一种战略措施。中国制造业的经济发展正在逐渐与环境保护联系起来。经济与环境之间可以协调发展。因此，新产品的销售可以显著促进 GTFP 的发展。

7.3.5　稳健性检验

在本章中，我们通过以下两种方法进行稳健性检验。首先，为了排除行业规模的潜在影响，采用环境规制强度（污染处理设施运行成本/行业总产值）作为环境规制的指标（Levinson and Taylor, 2008）。在式（7 - 2）中，我们使用有效的发明专利数量来代替发明专利，使用有效的非发明专利数量来代替非发明专利。回归结果如表 7 - 7 中的式（7 - 1 - 5）~式（7 - 3 - 12）所示。其次，我们使用二氧化硫排放强度来衡量环境规制水平（Domazlicky and Weber, 2004），目的是考察不同的环境规制措施的影响及误差。回归结果见表 7 - 7 中的式（7 - 1 - 6）~式（7 - 3 - 16）。在表 7 - 7 中，与表 7 - 4 相比，环境规制对制造业 R&D 强度的负向影响不显著。环境规制和研发强度对发明专利、非发明专利和新产品销售的影响与表 7 - 5 一致，但系数和显著性略有差异。最后，环境规制和创新产出对劳动生产率、能源效率、环境效率和 GTFP 的影响与表 7 - 6 一致，只是系数和显著性不一致。因此，本章的实证结果是稳健可靠的。由于篇幅有限，表 7 - 7 仅报告了关键自变量的估计系数和检验结果，而忽略了滞后环境规制的估计结果。表 7 - 7 中所涉及的自变量 ER、R&D 均为当期。

表 7-7 稳健性检验

变量	式 (7-1-5) (R&D)	式 (7-2-7) (PAT)	式 (7-2-8) (NPAT)	式 (7-2-9) (NEW)	式 (7-3-9) (LP)	式 (7-3-10) (ENE)	式 (7-3-11) (ENV)	式 (7-3-12) (GTFP)	式 (7-1-6) (R&D)	式 (7-2-10) (PAT)	式 (7-2-11) (NPAT)	式 (7-2-12) (NEW)	式 (7-3-13) (LP)	式 (7-3-14) (ENE)	式 (7-3-15) (ENV)	式 (7-3-16) (GTFP)
DEP_{t-1}	0.741*** (0.07)				0.771*** (0.16)	1.010*** (0.01)	1.136*** (0.05)	0.941*** (0.23)	0.774*** (0.06)				0.811*** (0.18)	0.813*** (0.12)	−1.096*** (0.08)	−0.803*** (0.13)
R&D		0.706*** (0.13)	0.298*** (0.11)	0.757*** (0.07)						0.704*** (0.14)	0.321*** (0.12)	0.681*** (0.08)				
ER	−2.626 (1.73)	11.661** (5.21)	12.262*** (4.43)	−4.468*** (1.52)	0.689*** (0.09)	0.862*** (0.03)	2.650*** (1.39)	0.937** (0.47)	−0.542 (0.74)	1.673 (1.08)	0.788 (0.96)	−0.315 (0.37)	0.642 (0.43)	0.142 (0.28)	1.463** (0.56)	2.290** (0.92)
PAT					−0.167* (0.10)	−0.309** (0.14)	0.571** (0.25)	−2.552*** (0.89)					−0.343*** (0.13)	−0.223*** (0.06)	0.533*** (0.10)	−0.917*** (0.26)
NPAT					0.170 (0.11)	0.196 (0.16)	−0.572*** (0.11)	0.936* (0.54)					0.0006 (0.22)	0.229* (0.13)	−0.091 (0.07)	−0.156 (0.18)
NEW					0.549*** (0.13)	0.454** (0.18)	−0.123 (0.23)	2.128** (0.94)					0.681*** (0.25)	0.390*** (0.13)	−0.914*** (0.20)	1.662*** (0.40)
LAB		0.086*** (0.02)	−0.065*** (0.02)	−0.031*** (0.01)						0.081*** (0.02)	−0.073*** (0.02)	−0.032*** (0.01)				
TI		1.752 (1.86)	1.211 (1.62)	−0.245 (0.55)						1.715 (1.92)	1.204 (1.74)	−0.205 (0.58)				
SUB	0.125 (0.08)	−0.872** (0.35)	−0.852*** (0.31)	0.228** (0.10)	0.168** (0.08)	0.110*** (0.04)	−0.320*** (0.05)	−0.339** (0.16)	0.005 (0.05)	−0.767** (0.37)	−0.579* (0.34)	0.056 (0.11)	0.117** (0.05)	0.096* (0.06)	−0.179*** (0.06)	0.138 (0.11)
FDI	−0.239*** (0.08)	0.128 (0.12)	0.429*** (0.10)	0.340*** (0.12)	−0.421 (0.36)	−0.017 (0.03)	−0.620*** (0.15)	0.226* (0.13)	−0.235*** (0.07)	0.165 (0.12)	−0.098 (−2.03)	0.401*** (0.13)	0.195*** (0.21)	−1.044 (0.89)	1.001* (0.54)	−0.891*** (0.20)
CI	0.159*** (0.05)	0.391 (0.27)	0.557** (0.24)	−0.070 (0.08)	0.118*** (0.02)	0.031*** (0.01)	−0.082* (0.05)	0.202*** (0.03)	0.137*** (0.05)	0.225 (0.28)	0.411 (0.25)	−0.015 (0.09)	0.233*** (0.09)	0.199*** (0.06)	−0.101* (0.06)	0.201*** (0.05)

续表

变量	式(7-1-5)(R&D)	式(7-2-7)(PAT)	式(7-2-8)(NPAT)	式(7-2-9)(NEW)	式(7-3-9)(LP)	式(7-3-10)(ENE)	式(7-3-11)(ENV)	式(7-3-12)(GTFP)	式(7-1-6)(R&D)	式(7-2-10)(PAT)	式(7-2-11)(NPAT)	式(7-2-12)(NEW)	式(7-3-13)(LP)	式(7-3-14)(ENE)	式(7-3-15)(ENV)	式(7-3-16)(GTFP)
OWN	0.066** (0.03)	-0.473*** (0.15)	-0.672*** (0.14)	0.223 (0.18)	0.659 (0.53)	0.070 (0.08)	-1.0921*** (0.32)	0.871*** (0.30)	0.055** (0.02)	-0.474*** (0.16)	-0.702*** (0.14)	0.187** (0.08)	0.894 (0.96)	-1.049 (1.43)	0.029 (1.00)	0.704*** (0.25)
GDP	0.769*** (0.16)	1.227 (0.81)	1.730** (0.70)	0.199 (0.26)					0.914*** (0.14)	1.187 (0.84)	1.702** (0.75)	0.184 (0.27)				
Cons	-7.101*** (2.25)	-19.087 (19.22)	-22.045 (16.69)	11.519** (5.69)	-0.055 (0.07)	-0.490** (-2.15)	1.465*** (0.10)	2.493*** (0.23)	2.467 (2.33)	-26.070 (20.77)	-24.777*** (18.68)	15.097*** (6.31)	-1.236*** (0.34)	-1.654*** (0.33)	-0.717*** (0.21)	-1.432*** (-2.67)
AR (1)	-1.88 [0.06]				-2.68 [0.00]	-2.73 [0.00]	-2.90 [0.00]	-2.99 [0.00]	-2.21 [0.03]				-2.63 [0.01]	-2.52 [0.01]	-2.80 [0.00]	-2.95 [0.00]
AR (2)	0.50 [0.62]				0.87 [0.38]	0.68 [0.49]	0.39 [0.70]	-0.48 [0.63]	1.07 [0.28]				0.24 [0.81]	0.714 [0.48]	1.13 [0.26]	0.75 [0.45]
Sargan χ²	20.51 [0.81]				21.07 [0.68]	20.32 [0.85]	21.14 [0.73]	20.36 [0.84]	20.17 [0.84]				19.78 [0.88]	20.12 [0.86]	20.18 [0.86]	19.20 [0.90]
α		0.042	0.032							0.044	0.037					
Log pseudo likelihood		-851.63	-858.43							-854.08	-864.74					
R²				0.967								0.950				
F-value				279.16 [0.00]								253.85 [0.00]				
Observations	80	110	110	110	90	90	100	100	80	110	110	110	90	90	100	100

资料来源：笔者根据《中国环境统计年鉴》数据库，应用 stata16.0 计算整理而得。括号中为标准差，方括号中为 p 值，***、** 和 * 分别表示在 1%、5% 和 10% 水平上显著。

7.4　结论

本章得出以下四点结论。

第一，在短期内，环境规制对制造业研发投入具有显著的促进作用。从长远来看，环境规制对研发投资也有正向激励作用。这说明，中国环境规制正在慢慢实现其政策目的，与袁和向（Yuan and Xiang, 2018）的研究结果不同，我们选取的行业数据更具有代表性，时间上也更新，因此，可以得出结论，中国的环境规制政策促进了企业研发投入，以期新的技术产生的经济效益能够超过合规成本，对环境与行业发展取得"双赢"。本书建议政策制定者对比产生不同政策效应的原因，继续实施取得明显效果的环境规制政策。

第二，环境规制对制造业非发明专利、发明专利的产出促进作用显著，对非发明专利的促进作用强于对发明专利的促进作用。这表明，在创新的第一阶段，由于环境规制的直接作用，制造业的研发投入增加，从而间接促进了第二阶段专利的产出。创新投入显著促进了制造业的非发明专利和新产品的销售，这与阿科斯塔等（Acosta et al.，2015）的观点是一致的。这表明，增加创新投资是增加创新产出的重要途径。

第三，在短期内，环境规制可以促进制造业劳动生产率、能源效率、环境效率、绿色全要素生产率的提高。因此，"强"波特假说在此成立。对于决策者来说，应该更加关注环境政策和创新政策的协同效应，以确保制造业在经济、能源、环境协调发展方面的政策干预的预期目标。从长远来看，环境规制仅对制造业能源效率和绿色全要素生产率有正向影响，对劳动生产率有显著的抑制作用，对环境效率的影响不显著。这表明，由于环境规制向工业生产过程转移，对 R&D 投入产生了正向影响，使得制造业的能源利用率和绿色全要素生产率有了显著提高，但却降低了劳动生产率，导致制造业经济发展停滞。此外，中国的环境政策中执行力度比较大的是短期型政策，环境效率的长期稳定提升还存在一定困难。

第四，发明专利对工业劳动生产率和 GTFP 的效用显著，但却阻碍了能源效率和环境效率的提高。发明专利加剧了制造业劳动生产率与环境保护之间的矛盾。即这种创新所带来的经济扩张，导致了能源消耗的增加和环境破坏。非发明专利对能源效率和环境效率的促进作用显著，但对劳动生产率和 GTFP 的改善作用不显著。这意味着，制造业更倾向于通过战略性创新产出来满足环境法规的要求，而不考虑经济、能源和环境的非生产性综合效应。新产品的销售可以显著提高制造业的劳动生产率、能源效率和绿色全要素生产率，但抑制了环境效率的提高，说明价值产出能够增强企业的经济绩效，但实现价值产出是以牺牲自然环境为代价的。但总的来说，绿色全要素生产率得到了提高。

对于我们的研究结果，可以提出以下四点政策建议。

第一，政府在制定环境法规时，还可以降低行业的合规成本。一方面，环境政策的目标应与制造业的实践同步，完善环境信息披露制度和环境监管制度；另一方面，为了进一步降低合规成本，提高环境监管效率，建议政府建立有效的能源和环境保护市场机制。如推动排放权交易、资源税、环境税等市场化工具的广泛应用。

第二，发明专利可以促进制造业经济发展，但是显著抑制环境效率的提高，因此，中国工业的专利结构需要调整。政府应当多鼓励有益于提高环境效率类的专利发明，还可以通过对此类专利进行奖励、补偿等方法引起企业对环境效率的重视。非发明专利能够推动制造业经济、能源和环境的协调发展，政府应继续积极推动非发明专利创造。

第三，加强制造业绿色创新的商业化。要加强财税、产业、金融、政府采购等政策协调并优化公共服务，营造良好环境。据工业和信息化部统计，目前，中国科技成果转化率不到 10%，而发达国家的科技成果转化率高达 40% ~ 50%。中国应加快绿色科技成果转化率，只有将科技转化为生产力，才能使中国产业结构得到优化，促进经济的绿色可持续发展。

第四，研究结果表明，环境规制对于改善制造业的 GTFP 是有效果的。因此，政府应总结实施效果较好的政策，围绕制造业绿色发展的总体目标，制定系统的经济、能源、环境协调发展的政策。考虑到环境规制与创新对经济、能源、环境的综合效应，相应的政策组合对于制造业的绿色发展是不可或缺的。因此，政府应保证环境政策实施的连续性、一致性和稳定性。

附录 7 – 1

评价中国制造业能源效率、环境效率和 GTFP 的超级效率的 DEA 模型（SE – DEA），如式（7A.1）所示。

$$\min\rho_{SE} = \frac{1 + \frac{1}{m}\sum_{i=1}^{m}(\frac{s_i^-}{x_{ik}})}{1 - \frac{1}{q}\sum_{r=1}^{q}(\frac{s_r^+}{y_{rk}})}$$

$$s.t. (\sum_{j=1,j\neq k}^{n} x_{ij}\lambda_j - s_i^-) \leqslant x_{ik} \sum_{j=1,j\neq k}^{n} y_{rj}\lambda_j + s_r^+ \geqslant y_{rk}\lambda,$$

$$s^-, s^+ \geqslant 0, i = 1,2,\cdots,m; r = 1,2,\cdots,q; j = 1,2,\cdots,n(j\neq k)$$

$$(7A.1)$$

在式（7A.1）中，m 和 q 分别表示每个 DMU 的输入和输出。n 为 DMU 的个数，r 为效率值。x_{ij} 是第 j 个 DMU 的第 i 个输入。y_{rj} 是第 j 个 DMU 的第 r 个输出。s^- 和 s^+ 分别是输入和输出的松弛变量。

表 7A.1　　　　　　　　　　行业代号及名称

代号	部门	代号	部门
M1	农产品食品加工	M15	药品生产
M2	食品生产	M16	化学纤维制造
M3	饮料生产	M17	橡胶和塑料的制造
M4	烟草生产	M18	非金属矿产品的制造
M5	纺织品制造	M19	黑色金属的冶炼和压制
M6	服装、鞋帽制造	M20	有色金属的冶炼和压制
M7	皮革、毛皮、羽毛及相关产品的制造	M21	金属制品制造
M8	木材加工	M22	通用机械制造
M9	家具制造	M23	专用机械制造
M10	纸张及纸制品制造	M24	运输设备制造
M11	媒体印刷、复制	M25	电机及设备制造
M12	文化、教育、体育活动用品制造	M26	通信设备、计算机及其他电子设备制造
M13	石油加焦化、核燃料加工	M27	办公室工作用测量仪器和机械的制造
M14	化工原料及化工产品制造	M28	艺术品及其他制造

第8章 环境规制政策对产业结构升级的影响分析

随着人口红利逐渐消失，环境问题日益突出，中国政府正在寻求通过加强环境监管来促进产业结构升级和经济高质量发展。因而，进一步探明环境规制对产业结构升级的影响，极其必要。本章利用 2007 ~ 2018 年中国东、中、西部地区的面板数据构建面板模型，实证检验环境规制政策对产业结构升级的影响。结果表明，多元化的环境规制政策能够加速产业结构的变化，环境规制政策中的经济激励和立法监督对产业结构升级的积极作用显著。然而，区域间的环境规制政策对产业结构升级的影响强度存在显著差距，东部地区环境规制政策的影响强度大于中、西部地区，中、西部地区的环境规制政策对产业结构影响的低效应对经济的可持续发展有较大负面影响。因此，为了使环境规制政策能够更好地促进产业结构的优化升级，有必要丰富环境规制政策的多样性，加强地区间的交流，通过环境规制的优化以及经济、政治、民生等其他领域改革，集聚各方力量共同促进经济高质量发展。

8.1 引言

改革开放以来，中国经济增长取得了举世瞩目的成就。1978 ~ 2019 年，GDP 平均增速高达 9.5%，已经成为世界第二大经济体。同时，"增长第一，环境第二"的发展模式，也带来了两大不可回避的问题。其一是环境污染问题日益突出；其二是高质量产品短缺，低质量产品却供过于求，资源在生产领域的配置效率低下。为此，促进中国经济转型升级迫在眉睫（盛广耀，2020）。

经济转型升级在某种意义上就是产业结构的高级化（廖显春等，2020）。在产业结构高级化的过程中，环境规制政策的实施具有不可替代的作用，因为环境规制可以通过间接影响要素禀赋结构，从而进一步影响污染企业的发展（张彩云等，2020）。迄今，在环境规制与产业结构的关系方面已经出现了大量研究，但是，环境规制如何促进产业结构的优化升级，它有怎样的经济效应等重要问题还不十分清楚。因此，本章运用中国东、中、西部地区的面板数据进行实证分析，以期从理论上探明环境规制对产业结构升级的影响机制，从而为中国经济可持续发展政策的制定提供理论依据。

8.2 文献综述

基于"波特假说"和"污染天堂假说"，文献发现，环境规制政策可以通过多种方式影响区域产业竞争、产业区位、产业规模和贸易结构（王文普，2013；Gouldson et al.，2014；段娟等，2018；Wang et al.，2019b；龚梦琪等，2020）。古兰和安东尼（Gurtoo and Antony，2007）分析了环境规制对商业活动和经济活动的间接影响，其结果表明，环境规制特别是环境立法，可以通过塑造新的环保消费者需求市场，引导企业使用新技术、生产新产品，导致产业结构变化。肖兴志和李少林（2013）采用1998~2010年中国的大部分省区市的动态面板数据，实证研究了环境规制强度对产业升级路径的影响，研究发现，中、西部地区环境规制强度与产业升级的关系并不显著，东部地区环境规制强度的提高，能够显著促进产业升级。韩晶等（2014）认为，不同的环境规制类型对产业升级的效果存在较大差异，市场化规制工具相比行政化规制工具能够更大程度地推动产业升级，市场化程度较高的沿海省市更倾向于使用市场化环境规制工具。米利米特和罗伊（Millimet and Roy，2016）采用1977~1994年美国各州的数据，发现环境规制可以通过改变污染企业的生产成本和促使化学工业在不同地区间跨区域转移，显著影响外国直接投资地点的确定，特别是在化学产业部门。米利米特和罗伊（Millimet and Roy，2016）的发现有力地证实了污染天堂假说。时乐乐和赵军（2018）基于2002~2013年中国省际面板数据，采用非线性面板门槛模型，实证研究环境规制、技术创新对产业结构升级的影响。研究发现，环境规制依赖于产业技术创新水平的高低对产业结构升级产生不同的影响。黄金枝和曲文阳（2019）发现，环境规制推动了城市全要素生产率与创新效率的提高，对经济发展具有助推的潜力，环境规制通过直接作用于城市全要素生产率与创新效率，进而有效地促进区域经济的发展。杨骞等（2019）研究表明，在不考虑地方政府竞争时，环境规制能够提升产业结构合理化水平，但提升作用不够明显；考虑地方政府竞争后，环境规制对产业结构合理化和产业结构高度化均具有显著促进作用。高明和陈巧辉（2019）研究发现，不同类型环境规制对产业升级的影响存在异质性，而且，命令—控制型环境规制对产业升级的激励效应较明显。毛建辉和管超（2019）采用 2004～2015 年中国省际面板数据，考虑经济区域异质性和地方政府行为，分析环境规制对产业结构升级的影响。发现地方政府官员越期望晋升，财政收支压力越小，相对财力越大，环境规制倒逼产业结构升级的效力越大。陈和钱（Chen and Qian，2020）利用 2004～2017 年中国沿海省市的面板数据，分析了海洋环境规制政策对制造业产业结构升级和污染型产业转移的影响。研究结果表明，命令—控制型规制能够促进企业技术创新，促进产业结构升级。希哈比（Shehabi，2020）考察了能源补贴改革对科威特经济多元化的影响，结果表明，环境规制政策的实施可以减少经济发展对资源和环境的过度依赖，促进资源型国家产业结构的多元化发展，扭转"荷兰病问题"。林秀梅和关帅（2020）发现，环境规制对产业高级化具有正向影响，尤其是邻近地区地方政府环境规制中的策略互动具有正向空间溢出效应，能够显著地促进产业高度化发展。

为了有效地控制污染，世界各国不断探索使用多样化的环境规制政策来约束企业的排污行为，但是，现有研究却多是从某一个方面来阐述环境规制政策与产业结构升级之间的关系。如逯进等（2020）从"文明城市"评选角度，讨论了城市品牌评选活动对环境治理能力的影响，从而进一步实现城市的可持续发展。但是，这些研究都是探讨单一的环境规制政策，缺乏不同环境规制政策之间的对比。此外，产业结构的优化，包含内部结构优化与外部产品升级两方面。然而，现有研究多从外部竞争力、内部结构、技术创新或规模效率等单一视角，探讨环境规制对产业结构变化的影响（Du and Li，2020；Yi et al.，2020；殷宇飞和杨雪锋，2020；孙玉阳等，2020）。针对既有研究中存在的不足，本章在如下三方面展开具有重要创新价值的研究：第一，通过多元化的环境规制政策指标，衡量不同的环境规制政策；第二，对不同的环境政策对于产业升级的影响进行综合比较；第三，从内部结构优化与外部产品升级两方面，分析环境规制对产业结构升级的影响。因而，本章的研究成果能更准确地反映中国产业升级过程中所面临的问题，对促进中国经济高质量发展提供了新的视角。

8.3　数据来源与分析方法

8.3.1　变量定义

（1）被解释变量：产业结构升级。

一个国家或地区的产业结构升级是指，要素禀赋从生产效率较低的产业部门向生产效率较高的产业部门转移的过程。产业结构的变化，反映了经济增长速度、就业人数、三大产业产值占 GDP 比重的变化。从动态角度看，区域产业结构升级主要包括转型和优化两部分（Zhou et al.，2013）。目前，对于产业结构改善水平还没有形成统一的衡量标准。大多数研究从产值、就业和三大产业增长率的百分比来衡量产业结构升级水平，或通过建立综合指标体系来计算产业结构升级指数（Romano and Trau，2017；Chen and Zhao，2019；Zhang et al.，2019a）。本章采用产业结构优化程度（DISO）和产业结构转型速度（SIST）两个指标，衡量区域产业结构升级状况。产业结构优化程度（DISO）的计算公式是：

$$DISO = \sum (\lambda_j j) = \lambda_1 + 2\lambda_2 + 3\lambda_3 \qquad (8-1)$$

在式（8-1）中，λ_j 表示行业 j 的增加值占 GDP 的比例。DISO 指标值越大，经济发展绩效就越高，高价值部门就会产生更多收入。同时，指标 SIST 用新工业产品销售收入（万元）代表。新产品销售收入越高，意味着新产品利润率越高。较高的利润率会鼓励企业创新生产技术、开发新产品、开拓新的消费市场，进而带动产品升级和市场多元化。因此，SIST 的指标值越大，产业创新和多元化的速度越快，从而可以引导区域经济在市场竞争中获得比较优势，加速不同产业间的升级。

（2）解释变量：环境规制政策。

环境规制是政府和有关部门为了解决资源环境领域的市场失灵，通过相应的政策、法规和措施，或签署环境保护协议，规范资源和环境的利用，尽可能减少和避免市场失灵，同时，实现环境和经济的可持续发展。环境规制包含各种不同类型的工具。世界银行（1997）将环境管制政策工具分为四类：环境管制、利用市场、创建市场和公众参与。大卫和辛克莱－德加涅（David and Sinclair-Desgagne，2005）认为，环境规制工具主要包括排放税和排配额、设计标准和自愿协议。程（Cheng，2017）将其分为命令—控制型环境规制工具、市场激励型环境规制工具、公众参与型环境规制工具和自愿行动型环境规制工具。本章在理论研究和中国环境保护实践的基础上，将环境规制政策分为以下三类：经济激励、立法监督和自愿参与。其中，经济激励环境规制政策对产业的影响具有多重性。一方面，如环境税、排放交易等政策可显著提高低端制造业的生产成本，从而导致制造业终端产品价格上涨，削弱其市场竞争力，导致消费者外流。其影响也因行业而异，例如，对于低碳节能行业和服务业，经济激励型环境规制政策的负面效应相对较弱（Taylor et al.，2019）。另一方面，经济激励环境规制政策可以增加其比较优势，吸引更多资本流入，扩大产业生产规模，从而刺激区域产业结构发展（Zhang et al.，2019b）。为了使解释变量能够充分代表经济激励政策的多样性和激励强度，本章采用下列量化的环境经济政策指标作为解释变量。

第一，代表经济激励的环境政策指标包括：①环境金融、绿色信贷、生态补偿，以及各省区市每年发布的其他补偿政策（EPQ）；②当地缴纳的排污费数额与缴纳排污费的企业数量的比例（SCR）。其中，第一类指标代表政府与社会对环境保护的补偿政策；第二类指标代表政府对污染排放的约束。最新研究表明，联合使用这两类经济激励的环境政策，能够取得一加一大于二的生态效果和经济效果（Yi et al.，2020）。

第二，立法监督环境政策指标包括：①地方人大和地方人民政府通过的区域有效环境法规数量（ELV）；②每百万人次区域环境保护提案的数量（EPN）。采用这两个指标的原因是，以环境控制服务、环境保护规划、生态政治为代表的行政监督环境规制政策的实施，可以引导企业生产要素向运营成本相对较低的地区流动，并影响社会资源和财富配置的方式，加速区域间的产业转移（Coggan et al.，2010）。实施包括环境法律法规、标准和法案在内的立法监督环境监管政策，可以利用现代法治权威对高污染行业、高能耗行业进行强制清洗，加快市场优胜劣汰，提高产业经济效益，推动低端劳动密集型产业向高端技术和知识密集型产业转型。

第三，自愿参与环境政策指标包括：①当地环境宣传教育频度（PEF）；②每百万人环境信访量（LVN）。采用这两个指标是因为生态教育、生态对话、生态民主等自愿参与的环境监管政策，可以引导公民树立健康、低碳、环保、绿色的消费理念，改变消费偏好和消费观念，引发市场需求和商品结构的变化，加快消费结构升级，带动新能源、人工智能、环境服务等领域的新产业发展（Delgado Marquez et al.，2017；Friedrich，2020）。

8.3.2 模型构建

为了评价产业结构升级过程中环境规制政策的经济效应，我们构建了面板数据回归模型。为了减弱因不同单位测算的变量之间可能存在显著性差异而导致的异方差性，所有被解释变量和解释变量对数形式，以增加稳定性，减少单位冲击。环境规制政策对产业结构升级水平影响的回归模型如下：

$$\ln DISO_{it} = a_0 + a_1 \ln EPQ_{it} + a_2 \ln SCR_{it} + a_3 \ln ELN_{it} + a_4 \ln EPN_{it}$$
$$+ a_5 \ln PEF_{it} + a_6 \ln LVN_{it} + \varepsilon_i + v_t + u_{it} \qquad (8-2)$$

$$\ln SIST_{it} = b_0 + b_1 \ln EPQ_{it} + b_2 \ln SCR_{it} + b_3 \ln ELN_{it} + b_4 \ln EPN_{it}$$
$$+ b_5 \ln PEF_{it} + b_6 \ln LVN_{it} + \eta_i + \mu_t + \psi_{it} \qquad (8-3)$$

式（8-2）表示不同类型的环境规制政策对产业结构优化程度的影响，在式（8-2）中，i 表示省区市，t 表示年份，ε_i 表示个体效应，v_t 表示时间效应，u_{it} 为随机误差项。式（8-3）给出了不同类型的环境规制政策对产业结构转型速度的影响，在式（8-3）中，i 表示省区市，t 表示年份，η_i 为个体效应，μ_t 为时间效应，ψ_{it} 为随机误差项。

8.3.3　数据来源

中国地域辽阔，东部地区、中部地区与西部地区间经济发展水平及产业结构调整路径存在较大差异，因此，分区域对比研究环境规制政策对产业结构升级的影响，有着重要的实际指导意义。鉴于此，本章从中国的东部地区、中部地区以及西部地区各随机选取 5 个省（区、市）作为研究样本，其中，东部样本为北京、上海、江苏、山东、广东；中部样本为河南、湖北、湖南、安徽、江西；西部样本为四川、重庆、贵州、广西、陕西。基于三大地区 2008 ~ 2019 年 15 个省区市的面板数据构建计量经济模型，共得到 180 个样本数据点。面板模型中计算 DISO 指数的原始数据，来源于《中国统计年鉴》（2008 ~ 2019 年），SIST 指数的数据来源于《工业企业科技活动统计》（2008 ~ 2019 年）。计算各省区市每年环境调控政策不同指标所需的原始数据，来自《国家"十一五"环境与经济政策实践与进展评价》《国家经济政策进展评估报告》《中国环境年鉴》（2008 ~ 2019 年）、《中国统计年鉴》（2008 ~ 2019 年）、《中国市场化指数》以及各省区市官方网站上的环境改革政策统计。此外，我们使用趋势外推的方法来补充缺失的数据。

8.3.4　描述性统计和相关分析

本章使用 Stata16.0 软件对主要变量进行描述性统计分析，结果如表 8 - 1 所示。值得注意的是，SIST 和自愿参与性环境规制政策（PEF 和 LVN）的标准差较高，DISO 的标准差较低。

在面板数据回归分析之前，对环境规制政策和产业结构升级相关变量进行了 Pearson 相关分析。表 8 - 2 的结果显示，大部分环境规制政策指标与 DISO 和 SIST 均呈显著正相关。也就是说，相关分析初步验证了我们的假设。此外，还计算了方差膨胀因子（VIF）检验解释变量的多重共线性，结果表明，VIF 的均值为 1.42，最大值为 1.69。它们都小于 2，说明多重共线性问题并不严重。

8.4 结果与讨论

8.4.1 测量的结果及对整个样本的解释

根据收集的数据，对式（8-1）和式（8-2）进行回归分析。根据 Hausman 检验，确定随机效应模型更合适。回归结果如表 8-3 所示。

首先，中国立法监督对产业结构升级的影响最为显著，影响系数也高于其他指标。这说明，立法监督虽然会对低端产业造成一定冲击，但是，其对高端产业的促进作用是更加明显的，立法使高端产业的比较优势更加明显，从而整体上使中国的产业结构得到优化。其次，经济激励对结构优化也起到了比较大的作用。这说明，不仅法律性的约束起到绿色发展的效果，经济性的鼓励也能使产业向低消耗的绿色产业发展。经济激励政策产生这种显著正向影响的原因是，2007~2018 年，经济激励型环境政策数量的平均值翻了一番多，经济激励政策数量和力度的增加，意味着政府部门能够更好地用低成本、多样化的市场手段纠正资源环境配置领域的市场失灵。使更多的资源流向效率更高、污染更少的行业，从而促进产业结构转型和国民经济的绿色增长。再次，lnELN 指数的显著正向作用表明，公民对环境保护越关注的地区，产业发展越绿色、健康，公民对环境的关注意识可以转化为国家层面的政策，从而促进环境与产业的协调发展。最后，lnLVN 指数的积极影响，也反映了与 lnEPN 指数类似的效果。这说明，公民的关注与积极参与是有显著效果的，环境信访更频繁的地区更关注可持续发展，因此，产业结构也相对较好。因此，作为公民，我们不仅可以关注绿色发展，促进企业减排、提高效率，起到自发监督的作用，还可以从自我做起，多去关注、消费绿色企业的产品，促进国家产业优化转型。

由表 8-3 可知，环境规制政策对 lnSIST 指标的影响，大于对 lnDISO 指标的影响。除 lnEPQ 外，其他环境规制政策指标均显著提高了当地产业结构转型速度。《中国统计年鉴》显示，2000~2007 年，中国产业结构日趋合理，第二产业下降占比由 59.6% 下降到 50.1%，第三产业增长占比由 36.2% 上升到 47.3%。然而，在 2008 年全球金融危机之

后，中国政府实施了 4 万亿元人民币的经济刺激计划。这一大规模投资
对经济结构造成了轻微扭曲，影响了产业结构调整。2008～2011 年，
第二产业比重从 48.6% 上升到 52.0%，第三产业比重从 46.2% 下降到
43.8%，第三产业比重不增反降，使第二产业、第三产业比值差距扩
大。① 自 2012 年以来，在"习近平新时代中国特色社会主义经济思想"
指导下，中国第一产业、第二产业比重稳步下降，第三产业比重稳步上
升。截至 2019 年，三大产业增加值占国内生产总值的比重分别为
7.1%、39% 和 53.9%。② 从过去几年，中国产业结构变化的数据可以
看出，目前，中国正进入第三产业主导经济发展的关键时期。通过以上
对环境规制政策对于产业结构优化与转型的分析表明，2007～2018 年，
中国环境规制政策的强化，在很大程度上促进了新产品的生产与销售，
从而促进了产业结构转型，但是，对于规制的最终目标——产业结构优
化的正向效应没有前者那么明显。然而，需要注意的是，产业结构转型
不等于产业结构优化，这是两个不同的概念，产业结构优化当然需要先
转型，而且，只有将资源从高能耗、低效率的低端产业转移到低能耗、
高效率的高端产业中去时，产业结构转型才能被定义为产业结构优化。
因此，在分析环境规制政策对产业变化率的影响时，有必要识别市场上
的新产品是否符合可持续发展的要求，产业结构多样化是否提高了产业
效率，产业结构变化的方向是否从低端价值链向高端价值链转变。

表 8 - 1 　　　　　　　　　　关键变量的描述统计

变量	样本数	平均值	标准差	最小值	最大值
DISO（产业结构优化程度）	180	2.3589	0.1562	2.153	2.806
SIST（产业结构转型速度）	180	5784.039	6910.676	177	39376
EPQ（环境经济政策的数量）	180	11.6128	9.2988	0	46
SCR（地方上缴国库的排污费数额与上缴排污费企业数量的比例）	180	5.7811	3.2441	0.26721	18.8796
ELV（区域有效的环境法律和环境条例的数目）	180	254.8389	153.387	8	727

---

① 笔者根据《中国统计年鉴》（2012）整理而得。
② 笔者根据《中国统计年鉴》（2012）整理而得。

续表

变量	样本数	平均值	标准差	最小值	最大值
EPN（每百万公民的区域环境保护提案数）	180	6.4813	5.4058	0.3776	68.9326
PEF（本地环境宣传及教育的频度）	180	1303.272	2026.398	80	16736
LVN（每百万人环境信访数量）	180	237.6835	311.3206	1.5550	1846.221

资料来源：笔者根据《中国统计年鉴》数据库，应用 Stata16.0 软件计算整理而得。

表8－2　　　　　　　　　关键变量的 Pearson 相关分析

变量	lnDISO	lnSIST	lnEPQ	lnSCR	lnELV	lnEPN	lnPEF	lnLVN
lnDISO	1.000							
lnSIST	0.4204***	1.000						
lnEPQ	−0.1154	0.4163***	1.000					
lnSCR	0.0698	0.0268	0.0734	1.000				
lnELV	−0.2005***	0.5322***	0.4375***	0.0072	1.000			
lnEPN	0.0229	0.3179***	0.1272*	0.1837**	0.7519***	1.000		
lnPEF	0.1861**	0.3516***	−0.0291	0.2486***	0.1866**	0.2764***	1.000	
lnLVN	−0.0277	0.1262*	0.0120	−0.1516**	0.1538**	0.2399***	−0.0125	1.000

资料来源：笔者根据《中国统计年鉴》数据库，应用 Stata16.0 软件计算整理而得。***、**、*分别表示在1%、5%和10%的水平上显著。

8.4.2　区域样本的测量结果和解释

由于长期以来中国各地区经济发展不平衡的特征，我们使用 Stata16.0 软件分别对东部、中部、西部地区 15 个省区市的 12 年（2007～2018 年）的 DISO 和 SIST 的平均值进行了统计分析。考虑到 2007～2018 年区域产业优化度均值的差值较小，本章采用单向方差分析方法对三个区域之间的差异进行检验，结果显示 F = 49.59（P < 0.00），Bartlett 检验的 P 值为 0.792。因此，方差分析的结果是可信的，区域因素会影响产业结构。也就是说，东部地区、中部地区和西部地区的产业结构优化程度存在显著差异。从图 8－1 和图 8－2 可以看出，2007～2018 年，中国大部省（区、市）DISO 和 SIST 的平均值总体呈上升趋势，其中，SIST 指数的平均增幅高于 DISO 指数。2015 年 11 月 10 日，中央财经领导小组第十一次会议在研究经济结构性改革和城市工作时提出供给侧结构性改革。这说明，在供给侧结构性改革初期，工业新产品诞生较快，产业转

型明显，然而，初期的产业转型与目标有些相悖，因此，产业结构优化的速度没有跟上产业结构转型的速度。同时，东部地区产业结构升级水平的两个指标，均高于中部地区和西部地区。中部地区产业结构优化程度落后于西部地区。然而，由于中部地区产业结构转型的速度远远快于西部地区，这一差距正在缩小，并且从 2016 年开始，逐渐有超越西部地区的趋势。同时，三大地区之间的差距不断扩大，特别是 SIST 指标的差距，其变化显著。东部地区的产业结构升级相对较快，而西部地区则相对缓慢。因此，要在短时间内消除区域经济发展的不平衡是很困难的。鉴于此，本章利用 Stata16.0 软件对 2007 ~ 2018 年东、中、西部地区数据进行检验，检验环境规制政策对产业结构升级过程的经济效应，见表 8 - 3、表 8 - 4，以确定环境规制政策是否促进中、西部地区产业结构升级，缩小区域间发展差距，加快区域经济协调发展。

区域回归分析结果表明，环境规制政策对地方产业结构升级的积极效应以东部地区最为显著，西部地区次之，中部地区最不显著。在环境政策对 lnDISO 的区域影响方面，解释变量中，lnEPQ 只对西部地区有显著的促进作用，lnSCR 只对东部地区有显著的促进作用，两者对中部地区的影响都不显著。lnLVN 显著阻碍了东部地区和中部地区的产业结构优化，lnLVN 产生负面影响的原因是，当前的产业结构或许使一部分人获益，当实行产业结构优化政策时，必然会使以前获益的一部分人利益受损。同时，宣传教育 lnPEF 是可以显著促进东部地区和西部地区的产业结构优化的，因为宣传教育多是政府组织的，是响应国家优化产业结构政策的举措，因此，不会对产业结构优化产生负面影响。就环境政策对 lnSIST 的区域影响而言，在三大区域的解释变量中，只有 lnSCR 对 lnSIST 有显著的正向影响，而 lnELV、lnEPN 和 lnLVN 对东部地区和中部地区的 lnSIST 有显著促进作用。此外，lnPEF 对中、西部地区的 SIST 有显著的促进作用。

表 8 - 3　　　　　　　　**环境规制政策对产业结构升级的影响**

变量	产业结构优化程度 [lnDISO（RE）]	产业结构转型速度 [lnSIST（RE）]
lnEPQ	0.0008752（0.39）	0.0278565（0.58）
lnSCR	0.01166 *** （3.12）	0.548639 *** （6.90）

续表

变量	产业结构优化程度［lnDISO（RE）］	产业结构转型速度［lnSIST（RE）］
lnELV	0.0214489 *** （3.69）	0.659901 *** （5.35）
lnEPN	0.0128916 ** （2.28）	0.3196236 *** （2.65）
lnPEF	−0.0088762（0.42）	0.208618 *** （4.08）
lnLVN	0.0066257 *** （4.45）	0.0639467 ** （2.00）
C	0.7175042 *** （23.09）	3.095361 *** （5.13）
样本数	180	180
Wald 值	114.63 ***	231.16 ***

资料来源：笔者根据《中国统计年鉴》数据库，应用Stata16.0软件计算整理而得。括号内表示 z 值；*** 、 ** 、 * 分别表示在1%、5%、10%水平上显著。

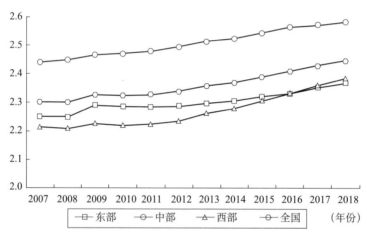

图 8 - 1　2007 ~ 2018 年中、东、西部区域产业优化程度（DISO）均值

资料来源：笔者根据《中国统计年鉴》数据库，应用Stata16.0软件和Excel计算整理而得。

表 8 - 4　　　　区域环境规制政策对地方产业结构升级的影响

变量	lnDISO			lnSIST		
	东部（FE）	中部（FE）	西部（FE）	东部（FE）	中部（FE）	西部（FE）
lnEPQ	0.0110317 （1.32）	0.0062723 （0.27）	0.0038656 * （1.82）	0.2191264 （1.10）	0.0569262 （0.81）	−0.0752703 （−1.26）
lnSCR	0.0263745 *** （3.58）	−0.0028241 （−0.52）	0.014267 （0.76）	0.678981 *** （3.88）	0.4295267 *** （3.88）	0.5444355 ** （2.67）
lnELV	0.031685 ** （2.66）	0.0647212 （−1.59）	0.0075673 *** （3.79）	0.9611079 *** （3.44）	1.053306 *** （3.01）	0.2157395 （1.51）

续表

变量	lnDISO			lnSIST		
	东部（FE）	中部（FE）	西部（FE）	东部（FE）	中部（FE）	西部（FE）
lnEPN	-0.0226966 (-1.65)	0.0543759 *** (-3.20)	-0.0050207 (1.88)	0.7543131 ** (-2.31)	0.6283112 * (-1.80)	0.0443036 (-0.36)
lnPEF	0.0052372 *** (3.47)	0.0202215 (1.67)	0.0079706 ** (2.90)	0.0253238 (0.34)	0.5013249 *** (4.20)	0.2564224 *** (3.66)
lnLVN	-0.0065325 *** (-2.89)	-0.0080325 * (-1.86)	-0.0036835 (-2.15)	-0.1365889 ** (-2.54)	-0.2130855 ** (-2.41)	0.0290754 (0.70)
C	0.7190175 *** (13.26)	0.4590032 *** (6.18)	0.7474688 *** (18.03)	4.250851 *** (3.30)	0.3405579 (0.22)	3.351653 *** (5.03)
样本数	60	60	60	60	60	60
F 值	9.34 ***	17.16 ***	3.81 ***	8.25 ***	40.46 ***	9.80 ***
Hausman 检验	42.63 ***	27.31 ***	33.89 ***	19.05 ***	26.88 ***	18.99 ***

资料来源：笔者根据《中国统计年鉴》数据库，应用 Stata16.0 软件计算整理而得。 *** 、 ** 、 * 分别表示在1%、5%和10%水平上显著。

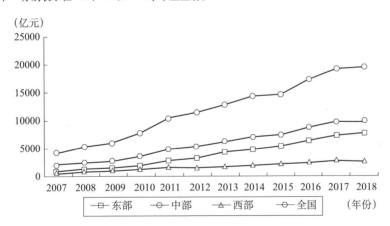

图 8 - 2　2007 ~ 2018 年产业结构转型速度均值（SIST）

资料来源：笔者根据《中国统计年鉴》的相关数据，应用 Stata16.0 软件和 Excel 计算整理而得。

　　此外，研究结果还表明，中国不同地区施行不同的环境政策，可能使得原本不均衡的发展差距进一步扩大，即出现"马太效应"。虽然总体来说，国家希望各个地区都能实现产业结构优化，希望各个地区的政策都能够促进经济可持续发展。然而，以各省区市 EPQ 为例，2007 ~

2018年，东部地区、中部地区和西部地区的平均值分别为16.5、9.6033和8.735。

各个地区原有的经济水平、科技发达程度、人才储备、交通情况不同，导致各地区实行的经济激励政策也有差异性，东部地区经过先一步的发展积累，已经拥有产业结构优化的资源与条件，因此，东部地区产业结构优化相对于中、西部更为简单。东部地区完善的环境规制政策为其产业结构优化提供了"锦上添花"的效果，拉大了与中部、西部地区的差距。而中部、西部地区经济发展水平相对较低，促进经济增长的意愿比东部地区强，为了加快经济增长的步伐，中、西部地区环境规制的程度弱于东部地区，在这些地区一些低端产业也有生存的机会，东部地区的一些低端产业趁机向中、西部地区转移。这种产业转移本来就是区域经济发展的基本趋势，但是，如果把握不当，将不利于中、西部地区的产业结构优化和经济可持续增长。

8.4.3 不同时期样本的测量结果及解释

从图8-1和图8-2可以看出，2007~2018年，中国各省区市的DISO平均值从2.299微升到2.427，而SIST的平均值从1892上升到9839.933。这解释了为什么新产品产值的增加、商品多样性增加、市场结构多样化，都没有促进中国产业结构的优化升级。在表8-5中，我们引入了以2013年为边界的时期效应，检验了2007~2012年和2013~2018年两个时期各省（区、市）环境规制政策对产业结构升级的影响。由表8-5可知，2007~2012年，环境规制政策对SIST的影响更显著，对DISO的影响不是很显著；2013~2018年，则是对DISO的影响更显著，对SIST的影响不太显著。在实行环境规制政策初期，政策标准不一、政策措施单一、强制力不是很大，这时候就会有很多可以发展量的经济增长点，因此，SIST的前期增长比较明显。而在政策实施一段时间之后，政策的标准经过多次调整趋近于统一，政策手段也越来越多样化，政策权威性渐显，后期，政策对DISO的促进作用才会逐渐显现。而且，往往一个新政策出台之后，行业接收到政策所释放的信息，自身还需要一段时间调整，才会有越来越多的新企业、好企业创立出来，这样的企业才是政策所期望的。旧产品、旧企业的淘汰与新产品、新企业的出现都需要一定时间，这也是政策独有的滞后性。政策与产业自身调整相结合，才能加速促进中国产业结构优化。

表 8 − 5　不同时期中国部分省区市环境规制政策对地方产业结构升级的影响

变量	lnDISO		lnSIST	
	2007 ~ 2012 年（RE）	2013 ~ 2018 年（RE）	2007 ~ 2012 年（RE）	2013 ~ 2018 年（RE）
lnEPQ	0.0060249 (0.66)	0.0013127 ** (2.38)	0.0553429 ** (2.42)	− 0.0166853 (− 0.39)
lnSCR	− 0.0018556 (− 0.64)	0.017973 ** (2.13)	0.3423416 *** (3.45)	0.2214624 * (1.67)
lnELV	− 0.0049017 (− 1.28)	0.0201767 * (1.88)	0.1146104 (0.86)	0.5040541 *** (2.98)
lnEPN	0.0036387 (1.05)	− 0.01745 (− 1.55)	0.0197135 (0.16)	− 0.495505 *** (− 2.78)
lnPEF	0.0039986 * (1.85)	0.0105679 *** (2.74)	0.3014502 *** (4.00)	0.09036 (1.49)
lnLVN	0.0005926 (0.62)	− 0.0205672 ** (− 2.39)	− 0.0035435 (− 0.10)	− 0.1569461 (− 1.16)
C	0.8205613 *** (31.87)	0.7867537 *** (10.84)	4.524211 *** (6.47)	6.380323 *** (5.57)
样本数	90	90	90	90
Wald 值	12.77 **	43.32 ***	71.86 ***	28.07 ***

注：本表中的中国部分省区市包括，东部地区：北京、上海、江苏、山东、广东；中部地区：河南、湖北、湖南、安徽、江西；西部地区：四川、重庆、贵州、广西、陕西。

资料来源：笔者根据《中国统计年鉴》数据库，应用 Stata16.0 软件计算整理而得。括号内表示 z 值；*** 、 ** 、 * 分别表示在 1% 、 5% 、 10% 水平上显著。

8.5　结论

基于中国 15 个省区市 12 年的面板数据，我们构建了一个面板数据模型来检验环境规制政策对产业结构升级过程的经济效应，并得出以下四点结论。

（1）环境规制政策可以通过多种途径影响区域产业结构的变化，不同类型环境规制政策的产业效应存在显著差异。其中，经济激励和立法监督比其他环境管制手段更能促进产业结构升级。

（2）中国产业结构升级水平稳步上升，但是，存在显著的地区性差异，东部地区发展速度快于中、西部地区，且这一差距有逐渐增大的趋势。

（3）不同地区的经济政策不同，所带来的经济效应也不同。东部地区更加严格的环境经济政策使得东部地区产业升级速度较快，促进了东部地区的经济发展，中、西部较宽松的环境经济政策，影响经济的可持续发展。

（4）环境规制政策对产业结构升级的影响系数较小，环境规制改革对产业结构升级的作用有限。单纯依靠环境领域的监管改革，难以有效地推动中国经济的整体转型。经济的持续增长，有赖于经济、政治、民生等其他领域改革的协调推进。

基于以上结论，为提高环境规制的经济效应，增强环境规制对促进地区经济高质量发展的积极作用，提出以下四点政策建议。

（1）政府应以多元化环境政策试点为媒介，不断丰富环境规制工具，推动资源环境管理领域从单一规制向多元治理转变。一方面，要以生产要素市场化改革为契机，丰富环境财税、生态补偿、绿色金融等经济激励环境政策，提高区域产业结构升级的市场激励强度；另一方面，地方政府应该通过构建绿色环境规制体系，优化环境管理体系，严格环境立法，保护公众生态话语权，最大限度地促进区域经济绿色转型。

（2）地方政府应根据区域经济发展现状，在环境领域寻求精准调控，应根据经济发展现状，科学评估生态环境承受阈值和主要环境问题。为了正确推进因地制宜、时效性的环境领域精准调控，降低环境调控政策运行阻力，提高区域环境政策的经济绩效，各省区市政府必须明确各自环境规制政策的主体、客体、范围、模式、依据和责任。

（3）加强地方政府间的沟通，虽然中、西部地区与东部地区的历史积累资源不同，但是，有些治理办法是融会贯通的。中、西部地区地方政府相对于东部地区地方政府，信息要闭塞一些，政策工具也要单调一些，中、西部地区可以从东部地区的实践中学习、总结经验，尽量缩小地区间差异。

（4）支持重点领域改革，缓解转型压力，保障民生安全。为了转变经济增长方式，淘汰落后、低效企业，淘汰过剩产能，劳动密集型传统产业必然会受到各种环境规制政策的阻碍。在"未富先老"的背景下，产业调整引起的结构性失业加剧了社会矛盾。各地方政府应加快支持教育、就业、扶贫、社会保障、收入分配等重点领域改革，以完善社会保障政策体系，保障民生，有效缓解基层社会在体制改革中的压力，减少产业结构调整和经济发展方式转变的阻力，更好地促进国民经济高质量发展。

第9章 加强环境规制建设促进经济绿色转型的政策建议

中国环境规制从无到有、不断完善，对促进绿色创新、改善生态环境发挥了不可替代的作用。但不可否认的是，由于环境规制建设起步较晚，长期以来在经济增长的巨大压力下前行，中国环境规制政策还存在许多不完善之处。为了有效地推动中国经济绿色转型，实现生态、经济、社会的可持续发展，加强和加快中国环境规制建设是十分必要的。同时，环境规制也不是"一刀切"的政策体系，要有效地推动中国经济绿色转型，还需要其他相关制度和措施。根据本书的研究成果，提出以下加强环境法规建设、促进经济绿色转型的政策建议。

9.1 构建全面、科学的法律体系和政策体系

与环境法规实施较成熟的发达国家相比，中国环境立法相对落后，难以适应经济社会发展和生态环境变化的要求。一方面，要积极学习先进的环境监管理念，不断完善环境法律法规体系。对于新技术或者新能源开发方式引起的环保问题应尽快纳入环保立法中，如，放射性污染、核能安全、光电污染等，避免出现法律的空白区域，扩大环保法规的覆盖面和可执行度；另一方面，环境保护是涉及公民切身利益的大事，因此，在环境立法方面也应建立公众参与机制，可以保证环境立法的公正性和执法的透明度，提高公众参与环境立法的程度和积极性，是在环境立法体系完善过程中必须建立的重要制度之一。

目前，中国有许多机构参与环境治理和环境保护，部门之间缺乏协调。需要构建多部门、多区域联合治理的环境规制协调机制。

重要的是，要确保各地方环境行政机关的独立性，建立基于绿色GDP的地方政府行政绩效评估系统，各级环境保护部门独立运用环境

监管能力，可以与地方政府的发展目标相协调。建立以污染密集型企业和资源开发型企业为重点的区域环境监管综合协调部门，负责处理重大环境污染事件，实现资源环境统一管理。逐步完善区域环境监管合作机构，打破经济优先和地方本位的思维定式，扩大区域协调与区域合作，明确跨区域环境监管协调机构，促进跨区域环境监管的法制化，同时，建立和完善相关配套制度和支持体系。

确定环境监管的科学强度。我们的理论研究和实证分析结果都表明，环境监管压力与绿色创新战略之间的关系呈现倒"U"形。当环境法律法规过于严格时，企业采取的应对措施可能不再积极，而是采取其他办法来单纯地应对法律法规，不利于实现法律法规原本设立的目标，这对处于转型期中国经济的发展是不利的。因此，在制定环境法律时，应注意适度性与合理性。具体来说，各地方政府应根据各地区的经济发展水平和当年污染防治工作的完成情况，逐步调整环境法规标准，指导企业优化生产经营，鼓励企业实施绿色创新。

环境规制工具是环境规制的进一步延伸，订明规制的具体实施和运作规范；同时，也是在环境规制指导和要求下，实现最终目标的重要手段。因此，基于绿色创新的环境规制的实施过程，也可以看作是不同环境规制工具的优化组合过程。

9.1.1　优化环境规制工具化

1. 优化命令—控制型工具

政府环境规制的一些具体方式和手段，需要调整和改变。对环境规制体系而言，可以从环境评估、排放标准、排放许可、红线底线和总量控制五个方面入手。（1）在环境评估方面，企业需要牢记责任，咨询具有一定法律效力的建议。例如，关于选址的问题，在进行可持续发展和社会影响的试点项目之前，需要参考当地的法律法规。（2）环境标准对国家而言，是环境保护的重要手段；对企业而言，适当的标准可以改进企业生产工艺、更新技术设备、提高生产效率。首先，要及时推进国家环境标准的制定与更新，针对不能满足社会经济发展需要的部分标准，应及时修订完善，并及时制定与之配套的管理规范和技术。其次，推动地方环境标准建设，国家层面的环境标准是基本要求，具有统一性，但各地区环境污染因素不同、技术能力不同，仅仅依靠国家标准难免产生"一刀切"的现象，因此，推动地方环境标准体系的建设就显得十分必要，可以要求污染重点地区或技术能力强的地区制定更为严格、细化的环境标准，使地方标准与国家标准协调发展。（3）在排污权方面，企业要转变观念，细化管理，既不能完全控制，也不能完全放弃。时代在发展，排放许可也面临升级，从一个允许全面排放的许可证，转变为关键排放源许可证，以及总体排放源许可证，以便更好地进行环境综合评估，也有利于管理。（4）在生态红线方面，要做到自然资源的使用、环境质量与安全以及生态功能保护的平衡，而不是以往单一的生态红线，以后的规划应纳入"生态约束红线"的指标。（5）在总排放方面，选择正确的总控制方法尤为重要，所有排放不能采用相同的标准；实现两点理论与重点理论的统一，既要关注年度总排放目标，又要批准重点污染源的排放标准；从而达到"排放合规""质量改善"的全面控制。通过全面控制来实现两者"质量改进"的协调。同时，每个行业排放指标的分配要与企业的实际情况密切相关，也要确认排放总量控制对环境的影响，以及是否会有所贡献。在中国现有的主要环境监管工具中，命令—控制型工具占主导地位。这些工具的积极作用不可否认，但其固有的局限性也不可忽略，其在中国具体应用中存在的固有缺陷，极大地影响了实施效果，仍需进一步完善和加强。

2. 优化市场型工具

中国市场激励型环境规制的相对重要性偏低，因此，市场激励型环境规制在中国尚有较大的完善空间。这就需要从以下两方面入手，为市场化手段营造适宜的实施环境。一是完善环境税收体系。持续优化环境保护税，完善生态税收体系；二是完善排污权交易市场。完善排污权交易的法律基础，提升市场流动性，降低交易成本，建立公平、合理的初始分配机制和定价机制，推动排污权交易与碳交易融合。

市场激励型环境规制对制造业绿色转型的直接影响虽不显著，但能通过技术创新、外商直接投资、产业结构等途径，更好地推动制造业绿色转型进程。因此，应完善市场机制，营造良好环境。具体而言，应逐步完善排污权交易市场，规范交易模式，保障交易流程公开透明；完善排污费征收制度，将生态环境污染造成的负担内化为企业生产成本；健全绿色补偿机制，以价格形式对绿色技术创新主体进行补偿和激励，从而充分发挥市场激励型环境规制的负向惩罚作用和正向激励作用。

大力推进环境税收体系建设。现阶段，中国主要的市场激励型环境规制是排污费，但由于征收额较低，其对技术创新的作用并不十分显著。2018 年，中国正式实施环境保护税，但这一税种是在"平移原则"下，对排污费规定的"复制"，其实质是排污费改税。这一改革，将排污费上升到法律层面，为环境税收体系奠定了基础。但仍然存在征收范围窄、征收费率低等问题，因此，还需继续推进环境保护税改革。首先，应该逐步扩大环境保护税的课税范围，并逐渐提高污染排放物的环境保护税税率。其次，为充分发挥环境保护税的环境规制作用，应根据污染物对环境损害的程度制定税率，这样，一方面，符合"庇古税"的思想；另一方面，将会引致排污企业的排污成本显著提升，有利于减少污染排放并促进技术创新，进而转变发展方式。再次，严格控制税收优惠，充分发挥市场激励作用。实践证明，过多的优惠将会阻碍税收职能的顺利实现，因此，应严格控制环境保护税的优惠措施，将优惠主要集中于技术创新项目。最后，调整地方政府官员考核体系。将当地生态环境的状况纳入地方政府官员考核体系中。完善生态税收体系。持续深化生态税收体系改革，构建一个包含能源税、消费税、环境保护税，以及其他税种相配合的生态税收体系，并考虑将其设置为地方性主体税种之一。利用增值税、企业所得税对产品投入要素及污染生产环节进行征税，倒逼企业进行技术创新，采用清洁生产要素与清洁生产过程。

完善排污权交易的法律基础。中国排污权交易制度，还缺少国家层面统一的法律法规。各地区差异较大的排污权交易制度使得排污权交易缺乏公平性。所以，国家应尽早完善顶层设计，研究、制定统一的基本法律法规，使排污权交易有法可依，为各地方政府相关法律、法规的制定与完善奠定基础；规定统一的交易规则，规范市场参与者的交易行为。提升市场流动性，降低交易成本。交易成本是排污权交易制度能否发挥作用的关键因素，跨区域、跨行业交易的限制，减少了市场流动性，增加了交易成本。因此，排污权交易应逐步允许跨区域交易、跨行业交易、跨时期交易，扩大市场交易范围，降低市场准入门槛，允许更多企业投资者和个人投资者参与交易，提高市场流动性，降低交易成本。建立公平、合理的初始分配机制和定价机制。可以考虑取消"双轨制"的分配机制，将企业的排放绩效与初始排放额的分配相关联，排放绩效高的多分配；反之，则少分配。这样，在一级市场上可激励企业进行技术创新，提高污染排放绩效。在初始分配价格方面，应根据环境容量资源的供求情况与企业治理成本进行调整，合理定价。推动排污权交易与碳交易融合。中国部分地区既建立了排污权交易机制，也建立了碳交易机制。环保部门负责排污权交易，而发改委负责碳交易。这两种交易的理论基础都是科斯定理，本质上都是通过界定清晰产权、利用价格杠杆，激励企业技术创新从而解决环境问题，但目前排污权交易和碳交易被不同部门管理，无疑增加了政府的行政成本，阻碍排污权交易的发展。二者本质相同，因此，应在实践中逐渐将两种交易市场进行融合，相互借鉴、取长补短，形成全国统一的排污权交易市场，统一管理，扩大市场容量，降低行政成本与交易成本。

3. 优化信息传递型工具

公众参与环境保护的力度是信息传递手段实施的关键，特别是在众多环境管理环节中公众所赋予的参与权和决策权。在中国，由于经济发展、环保观念等原因，一方面，相关环境信息不够公开透明，公众获取环境信息的成本较高；另一方面，公众参与环境管理的热情不高，环保NGO 的地位有待提高。我国信息传递手段的改进包括以下三点。一是要推进环境信息的宣传。加强各级环保部门对环保规划、环境质量、污染物排放等信息的统计和及时发布；全面推进环境信息公开；扩大宣传范围，征求公众意见。二是要提高公众的环保意识。宣传环境形势、发展方向和环保效果，让公众了解环境保护的现状和困难，唤起公众参与环境保护的意识；加强媒体对于环保的舆论引导，以环保活动为媒介，促进环保宣传教育，让环保意识深入人心。三是大力发展环保社会组织。完善现行的非政府组织登记管理制度，研究制定有利于公众参与、公众捐赠的政策措施和激励措施，确保环保非政府组织健康发展。优化环境公共资源配置；要积极开展与国际非政府环保组织的交流与合作，增强其专业能力和专业水平。

4. 加强环境规制工具组合的建设

任何环境规制工具都有其优势和局限性，促进绿色创新的发展没有最优的规制政策。因此，需要注重规制工具间的协同效应，构建适当、灵活的规制工具组合，相互取长补短，最大限度地激发企业进行与经济、环境发展目标相适应的技术创新。

从中国当前的发展特点来看，以标准和法规为代表的命令—控制型模式仍然是最有效的环境监管手段。自愿协议或非自愿协议等信息传递工具，既有强制性，又有鼓励性，可以作为政策补充。把握命令—控制型环境规制和自愿参与型环境规制影响制造业绿色转型的拐点，科学设定环境规制强度，完善法律法规体系和环保标准制度，提高相关信息透明度，拓宽民众监督渠道和意见反馈渠道，从而发挥命令—控制型环境规制和自愿参与型环境规制的正面激励作用。例如，针对企业污染物排放绩效，设计出有双向激励作用，即注重奖惩并重的环境监管政策；加强环保税费在不同环节的征收和减免。此外，要逐步减少工具应用过程中"部门利益导向"的障碍，实现各种监管工具的整体协调和统一管理。

建立完善的环境政策影响评价制度。环境规制工具组合的效果需要通过政策评价予以确定，评价是政策不可缺少的一环。一是要加快环境政策评价法治建设。制定专门的法律、法规，明确要求在制定、实施环境政策的同时，必须执行相应的政策评价。二是鼓励第三方环境评价机构发展，推动环境政策评价反馈渠道建设。三是完善环境政策评价技术。准确的评价结果必须建立在完善的评价方法与评价技术上，因此，应在评价的理论、指标、方法等关键问题上展开深入研究，明确评价的内容和方法选择。四是加大对环境政策评价的资金投入。可以设立国家环境政策评价基金，招募专业环境政策研究人员，研究解决环境政策评价中的关键性技术问题，保障环境政策评价工作的顺利进行。

9.1.2 构建相互制约环境监管机制

政府应充分认识到市场竞争对绿色创新绩效的促进作用，完善市场竞争机制，引导企业开展绿色创新。竞争模仿压力也是影响制造企业绿色创新的重要因素。随着市场竞争越来越激烈，利用现有资源提升差异化技术和差异化研发产品已成为获取竞争优势的重要来源。特别是在全球可持续发展的大背景下，中国制造企业不仅要面对国内竞争对手的压力，更要接受国际市场不断提高绿色产品标准的考验。当务之急是要通过实施绿色创新来赢得市场份额，抓住发展机遇。政府应积极推进经济结构调整，完善立法。一是政府应尽快建立和完善专业化、系统化、可操作性强的知识产权保护法律体系，制定知识资源开发与共享的法律法规，在知识共享过程中注意保护各方利益。二是通过消除行政壁垒，政府应鼓励外资企业和民营企业参与各类制造业的发展，运用经济、行政手段抑制低价竞争、低技术竞争等过度竞争，为各类制造业企业的绿色创新构建一个有序、规范的竞争市场。三是加强国际合作，结合我国"一带一路"倡议，推动与"一带一路"沿线国家在环保标准和相关法律法规方面的经验交流与合作，及时掌握各国、各行业先进的治污减排技术和发展趋势，推动我国环保标准与国际接轨。

9.1.3 强化区域性环境规制政策调控

环境规制能够加快工业结构的绿色转型。因此，中国应推行以适当提高环境规制力度为主的政策设计，加快推动环境规制促进工业结构绿色转型。但同时，也应规避推行"一刀切式"的环境治理政策误区，而是根据东、中、西部不同区域经济发展阶段、产业结构特征、资源禀赋优势等，相机进行政策设计，做到既实现经济与生态协调持续发展，又兼顾不同区域民生改善。具体来讲，对于东部地区，推行惩罚性环境税、严格环境标准等政府命令—控制型环境规制政策设计，推动传统污染型工业企业"关停并转"，并以此为着力点加快实现东部地区工业结构绿色转型升级，构建现代化产业体系；对于中、西部地区，可实行以经济补贴为主的市场激励型环境规制，并辅以个别惩罚性环境税等政府命令—控制型环境规制政策设计，激励企业绿色技术创新，并把握东部地区产业"腾笼换鸟"重要机遇，积极承接产业，进而实现在后发优势与国家补贴性产业技术政策、产业结构政策等政策优势的基础上，推动地区经济实现"跨越式"高质量发展。

9.2　倡导绿色消费，通过绿色消费促进企业绿色创新

为促进绿色消费，推动绿色经济社会发展，落实绿色发展理念，国家发展和改革委于 2016 年提出《促进绿色消费指导意见》，旨在通过消费者的消费偏好影响企业的生产偏好，加大绿色创新力度。不可否认的是，中国消费者的绿色消费意识正在增强，对促进企业的绿色创新起到了一定作用，但目前这种促进的潜力远远没有得到充分发挥。针对这个问题，第一，政府应该加大对绿色产品需求的社会和市场引导，倡导低碳消费、勤奋和节俭的观念，在日常生活中选择一种节能降耗的生活方式，并逐渐形成低碳、环保的生活模式，这是有效促进绿色创新的方法；第二，政府应加强环保、节能降耗的舆论宣传教育，将环保纳入教育内容，在全国范围内开展可持续发展的教育活动，培养公众的绿色消费意识；第三，提高消费者购买力，以确保绿色产品真正成为市场的主流产品。因为绿色产品通常比普通产品需要更多投资研发成本和生产成本，价格相对较高，居民绿色消费模式需要一定收入水平作为保障，只有当达到一定收入水平时，消费者才能承担得起在许多产品中选择绿色产品。然而，目前中国居民的人均收入水平与发达国家相比仍有很大差距，因此，为中国公众创造一种绿色的生活方式和消费模式，加大对绿色产品的需求，将经过很长的发展过程。这一过程单靠企业的资源很难实现，也要依赖于政府和相关组织，通过各种渠道、各种方式采取相关措施进行宣传，逐步提高中国消费者对绿色产品的需求趋势和消费趋势，加大市场对绿色产品的需求，以有效地驱动企业开展绿色创新实践。

在经济发展到当前的水平后，人们除了满足于有能力消费之外，还越来越追求是否绿色消费，因为绿色消费与消费者自身以及社会利益是息息相关的。但是，因为消费者的文化水平和知识水平参差不齐，有的

消费者对绿色消费的理解还不是很透彻，使得绿色产品的销售成为一大难题。因此，我们要加强消费者绿色消费意识的养成，引导消费者进行真正的绿色消费，建立绿色消费模式。政府相关部门与媒体也要加强绿色消费与绿色理念的宣传，让消费者从心理层面充分认识绿色消费对自身和生态环境的影响。同时，逐步普及绿色产品的购买知识和使用知识，帮助消费者快速识别绿色产品的环保标准，拒绝假冒伪劣产品，维护自身的合法权益。

政府需要加大对绿色产品的采购力度。由于绿色创新具有外部性，因此，可以通过政府采购的宏观调控行为，引导制造业的可持续发展，通过政府行为改善市场经济对绿色产品的需求，促成消费和制造企业经营策略的变革。一是扩大绿色产品采购范围，逐步将绿色采购制度扩展至国有企业。二是加强对企业和居民采购绿色产品的引导，鼓励地方采取补贴、积分奖励等方式促进绿色消费。三是推动电商平台设立绿色产品销售专区。四是加强绿色产品和服务认证管理，完善认证机构信用监管机制。五是推广绿色电力证书交易，引领全社会提升绿色电力消费。六是严厉打击虚标绿色产品行为，有关行政处罚等信息纳入国家企业信用信息公示系统。七是组织政府绿色采购人员参加培训班和研讨会，提高相关人员对绿色采购相关法律和程序的认识，通过发放绿色产品采购手册，引导采购人员选择产品。建立健全绿色低碳循环发展的经济体系，确保实现碳达峰、碳中和目标，推动中国绿色发展迈上新台阶。

9.3 重视环境规制的间接效用

环境规制间接效用的发挥，关键在于打通从环境规制到中介工具再到绿色转型目标的传导障碍。具体而言，一是继续加大制造业技术研发投入力度，尤其要对清洁环保技术创新投入给予更大支持。加快研发成果转化利用和推广应用，完善知识产权保护相关法律法规和其他发明创造的激励制度。二是将环境规制作为外资引入门槛，筛除部分污染密集型企业和资源密集型企业，保障外资质量，不应单纯追求招商引资数量。积极消化吸收外商投资企业的先进绿色技术和管理经验，鼓励外资企业在绿色制造和绿色设计上作出贡献。三是促进产业结构优化升级，推动产业结构合理化、高度化、清洁化进程。具体而言，正视中国人口红利消失、资源成本优势逐渐丧失的事实，引导企业从高度依靠廉价劳动力和资源向依靠技术、产品和服务质量的方向转变。借助"一带一路"发展机遇，转移中国传统过剩产能，推动主导产业朝着清洁化和高技术化方向发展，大力扶持新材料、新能源、生物工程等新兴产业。加强产业间的联络，强调分工合作、相互服务以提高生产效率。四是利用产业聚集在知识交流、技术溢出、企业竞争、环境治理方面的规模优势和距离优势，发挥环境规制对产业集聚规模的调节作用。在合理制定环境规制强度的基础上，严格监督和落实规制各环节，避免因地方政府短视造成环境规制执行力度不够的问题。协调产业发展和环境保护目标，预先设计并不断调整聚集区内产业布局和准入条件，从而避免同类的污染严重企业过度聚集。

9.4　学习发达国家工业企业绿色转型的经验

美国在完善产业政策和人才政策推动工业企业绿色转型方面有较成功的经验。美国的产业政策带动产业转型升级，非常重视支持各类工业企业的发展。当市场失灵时，产业政策可以发挥政府的引导作用，促进产业转型升级。当产业空心化时，政府采取优惠政策，促进产业发展，为产业转型升级注入活力。

日本制造业在国民经济发展中发挥着至关重要的作用。纵观其产业转型和绿色制造的发展，可以发现，适应外部发展环境的变化，调整政策、优化产业结构是日本制造业在世界制造业"龙头"企业中的重要战略之一，同时，构建符合现代教育体系需求的产业结构转型，为推动产业转型储备了大量的高素质人才。环境核算体系管理模式的实施，以及立体全面的环境教育体系的建立，也增强了日本工业企业和普通民众的"环保"意识，铸就了工业绿色发展的社会氛围。同时，日本在构建适合产业结构转型的现代教育体系方面做得出色。现代职业教育体系为日本制造业转型发展提供了人力资源储备。

德国以其发达的工业和高质量的产品闻名于世，其始终高度重视工业实体，重视技术创新、产业转型升级和适时实施高质量的产业发展战略，而且完善的多层次教育体系为产业转型培养了一大批高技能、高素质的人才，使德国成为世界上制造业实力最强的国家之一。这也是为什么德国经济在经历了全球金融危机和欧债危机的情况下，依然保持强劲增长的原因。同时，德国的工业产品生命周期政策，也为德国的可持续发展奠定了基础。德国高度重视技术创新。在推进"工业 4.0"战略过程中，德国建立了政府提供 1/3 研发资金、企业提供 2/3 研发资金、个人提供知识和劳动力的研发合作模式。这为制造业技术创新的发展提供了制度保障，同时，通过专利保护制度等为企业创新提供了激励。德国工业每年投入近 100 亿欧元用于研发，占销售额的 5% 以上，专利申请数量居世界第三。德国不仅给予大型企业充分发挥前沿技术创新的作用，也积极鼓励中小企业参与前沿技术研究，以促进各级科技创新成果转化为生产力，从而培养成千上万的中小企业。在创新体系中，政府通过税收减免、研发资助等方式支持创新。同时，德国工业已经建立了发达的行业协会，对失败的企业家起到了重要的"减震"作用。例如，德国机械设备制造联合会（VDMA）定期举办研讨会，搭建创新交流平台，为德国工业转型做出了巨大贡献。优良的教育体制，为德国产业转型提供了充足的高技能人才。充足的人才储备，保障了德国产业的强劲发展和"4.0 产业战略"的实施。

美国、日本、德国等在工业企业绿色转型方面为中国工业企业绿色转型做出了一定示范。中国应总结这些国家在工业企业绿色转型方面的经验，具体有以下三点。

（1）建立完善的法律体系和管理机制，规范环保产业市场。

发达国家注重环保产业的立法建设，在引导、规范市场的同时，能够为新兴环保产业的发展提供法律支撑。美国联邦政府机构环境质量委员会负责通过调研提供环境立法的科学依据，环境保护局负责全国的环境管理事务，同时，与各地方环保部门协作，共同进行环境保护管理工作。德国自 20 世纪 70 年代就开始进行环境保护的相关立法工作，至今已形成一套约有 8000 部法律法规的环境保护体系。此外，还实施 400 个欧盟法规，将环保融入经济和生活的各个领域。日本的环保法律中权责关系十分明确，具备强效的执行力。日本政府自 1962 年起先后对烟尘排放、大气污染、噪声、水质污染等领域进行立法，同时，严格把控工业环境标准，对企业生产进行严格监督。

（2）设立专项基金及政府奖励，助推新能源产业发展。

发达国家政府通过奖励措施鼓励企业减少资源消耗和环境污染，同时，设立专项基金扶持新能源企业的研发。美国早在 1980 年就成立"超级基金"用于治理有危害的废物污染。随后，建立"清洁水州立滚动基金"用于为清洁水项目提供低息贷款。2009 年，美国政府用于开发风能、太阳能等资源的投资超过 400 亿美元，在替代能源研发和节能减排等方面的投资达 607 亿美元。德国政府早在 2005 年就投入 9800 万欧元支持可再生资源项目，对气候保护的资金投入达 10 亿欧元。德国联邦教研部曾在 2008 年拨款 3.25 亿欧元成立专项资金进行新能源研究。同时，对太阳能、风能等可再生资源领域的投入逐年增加。另外，德国政府制订了"未来投资计划"用以促进新能源研发，每年投资 6000 万欧元用于开发可再生能源。[1]

（3）财政补贴与税收优惠并行，加大政策扶持力度。

发达国家利用财政杠杆，通过各种补贴和税收减免政策推动环保产业发展。美国联邦政府对替代能源产品给予抵扣企业所得税或个人所得税免税等优惠。德国政府自 2007 年开始对现有民用建筑的节能改造进行补贴，同时，允许投资环保的企业所用设备折旧可超过正常折旧。[2]日本政府对资源再利用给予税收方面的优惠，如减免固定资产税、特别折旧税等。同时，对引入节能环保技术和设备的工厂及节能环保规模项目，国家将给予最高 5 亿日元的补贴。自 2009 年起，对于承诺三年内削减 6% 的二氧化碳排放或者五年内削减 10% 的二氧化碳排放的企业，日本政府将给予三年内最高 3% 的利息补贴。[3]

通过对上述三个发达国家产业转型发展经验的分析，可以得出结论，这些国家的产业转型发展存在一些共性。第一，三个国家都非常重视技术创新在产业转型发展中的核心作用。第二，都建立了多层次、完

---

①　胡军年. 环境规制、技术创新与中国工业绿色转型研究 [D]. 兰州：兰州大学，2019 年 5 月.

②　周祺. 发达国家支持环保产业发展的经验及启示 [J]. 政策瞭望，2016（3）：51 - 52.

③　周祯. 在创新与借鉴中前行的中国环保业 [J]. 绿叶，2015（11）：17 - 23.

整的教育体系，重视职业教育与产业转型的联动、互动发展。第三，三个国家在产业转型过程中都重视能源利用和环境保护。总结发达国家的经验，中国应从以下三个方面分析、推进工业绿色转型的路径选择。

（1）加强顶层设计，制订发展计划，引导环保产业转型升级。

一是将环保产业发展与构建低碳社会挂钩。鼓励开发利用可再生资源，同时，引导消费者节能环保。二是将环保产业发展与优化产业结构结合。鼓励环保技术创新，使用新材料、清洁能源改变传统生产模式，引导高污染的化工企业合理排污、治污。三是将环保产业发展与国际接轨。利用多边谈判及诸边谈判优化中国环境产品结构，鼓励中国有竞争力的环境产品出口，带动环保产业发展。

（2）加大财税扶持力度，完善金融融资体系。

一是加大各级专项基金的投资力度，扶持重点项目，支持企业进行技术革新。二是进一步完善、落实促进环保产业发展的税收优惠，加大环保企业税收减免力度。三是完善融资体系，通过政策性银行给予节能环保型企业优惠利率，或通过延长信贷周期、贷款贴息、优先贷款等方式对环保产业提供融资支持；引导银行业支持环保企业融资投资；尝试通过世界银行、亚洲银行等国际银行对中国环保产业进行融资贷款服务。四是科学制定资源税税收标准，加快出台环境税及其他环保税种。

（3）建立政府、行业、高校联动机制，自下而上推动环保。

一是加强高校对节能环保科技的基础研究，加大行业自身技术改革以及科研成果应用能力。二是"产、学、研"联合，培育产业"龙头"企业，带动环保市场，完善产业链条，提升产业整体实力，形成有实力的产业集群。三是通过设立"试点"，逐步推广新型环保产品的市场应用范围，培育新型产品市场。四是注重人才培养，加大人才引入力度，加强对节能环保科技人才的培养和培训，做好环保产业发展的储备工作。

9.5 鼓励多方参与，加强环境治理合作

充分发挥社会公众的积极性，建立群众参与的监督机制，加强环保部门的监管，构建以产品为导向的环境管理机制，影响公众消费，分担

环境成本，加强国际交流与国际合作，通过多元化的环保政策，推动"新常态"下环保创新机制的发展。

9.5.1　保障环境保护公共权利的建设

在改革环境规制工具的过程中，构建由政府、企业和公众组成的环境污染治理控制体系是可能的。在"新常态"背景下，随着互联网的发展，环境污染数据或严重的环境污染事件不可能被人为地隐瞒或掩盖。因此，发挥公众参与的作用是非常重要的。在此背景下，公众应享有知情权、表达权和监督权。公开透明的环境信息制度，是公众知情权的有效保障之一。一旦公众的各种环境权利得到有效保障，那么，社会公众对企业环境污染等行为的监督，就可以发挥至关重要的作用。建立行政监督、社会监督、行业自律、群众参与、司法保护等多项共同治理的环境监测体系；借网络数据平台激励群众自发对政府与企业监督与评价，引导公众合理地使用环境监督权，引导环保工作有序、健康地发展，加快建立合理的环保诉讼体系。

9.5.2　加强环境保护国际合作与国际交流

积极筹备国际环境保护项目和国际交流会议，积极参与国际环境治理规则制定，稳步推进环境规制和贸易谈判，不断提升多边合作、双边合作和区域环境合作水平。此外，积极引进外资，通过对外直接投资弥补绿色创新资金的不足，吸收国外先进的管理经验和绿色技术。外国直接投资可以在一定程度上缓解东道国创新资金短缺的问题。但也有学者认为，FDI 会导致高污染产业的环境阈值区域转移到环境门槛相对较低的区域，带来负面的环境影响，为了避免外国直接投资的"污染天堂"效应，应该合理利用外商直接投资，避免其负面影响，发挥 FDI 对绿色创新绩效的积极作用。（1）增加外商直接投资中环境保护投资的强度，改善环境容量和生态承载能力，改善区域环境准入制度，提高"三高"产业进入壁垒，为了防止 FDI 的生态风险，应坚决杜绝绿色技术水平较低、环境污染严重的外国公司。提高企业的社会环保意识，加强企业环境管理，努力营造良好的投资环境，吸引优质产业转移项目。（2）积极寻求国际环保组织的帮助、赠款，加强与外国政府、国际金融组织的联系，积极引导和扩大外商直接投资的范围。此外，应有效地利用国际环境组织、国际金融组织和外国政府的援助、赠款和贷款，提高中国环境保护的技术水平。（3）提高资金使用效率。对于需要引进的绿色技术和绿色设备，要结合自身消化吸收技术的能力，并投入与之相匹配的人力、物力，实现对外直接投资综合效益最大化。（4）利用外资，做好项目前期工作，转换 FDI 投资模式，打造以"投资项目"为核心的"生态链"平台，引进外资，增强企业的技术创新能力，提高企业的外国投资在清洁生产方面的使用，为环境保护和环境管理提供足够的财政资源和先进的技术、设备，加快工业化的环保设备，有效地促进环保产业结构调整，促进环境和经济的协调发展。

目前，国家已经进行了顶层设计，实施新一轮高层对外开放，并提出创新对外直接投资的管理体制，构建新的对外贸易可持续发展机制，优化对外开放的区域布局，加快实施"一带一路"倡议和其他任务。积极参与"一带一路"建设，组织绿色农产品和生态经济产品出口，通过工程承包、施工、设计、咨询等方式，输出发展生态经济、循环经济和"山水湖综合开发治理"的先进理念、先进技术和先进经验，在国际竞争中发挥更大作用。

9.6 加快技术绿色创新进程

技术创新是促进工业结构绿色转型的核心动力。因此，中国应继续大力推进技术绿色创新进程。具体可从如下四个方面着手：一是创新政策设计，即综合运用环境规制、产业政策等，倒逼与激励相结合，加速技术绿色创新进程；二是推动民营经济参与，从进入门槛、信贷支持以及经营成本等多个方面引导民营企业绿色研发投资，以民营经济"绿色化、高端化、循环化"转型，带动中国工业结构绿色转型；三是打造绿色技术创新"PPP"模式，即通过利用社会民间资本的作用，缓解国家绿色研发创新投入不足问题，为技术绿色研发提供充裕的资金支持；四是充分发挥金融等对技术绿色创新的推动性作用，通过加大对技术绿色创新等高风险活动的信贷支持力度，缓解中小创新型企业面临的预算约束问题，加快技术绿色化创新进程，为促进工业结构绿色转型、生态文明建设以及高质量发展等，提供技术条件和物质基础。

　　首先，政府应进一步调整优化环境规制体系，倒逼企业技术创新。在设计环境规制时，不仅要提高环境标准，淘汰落后产能，激励企业技术革新，还应充分发挥市场型规制（如环境保护税和排污交易权）的价格调节作用，增加污染成本，引导并帮助企业探索符合组织情境的技术创新形式。当然，为了避免企业采取策略性行为，环境规制强度应控制在工业企业承载力范围内。为此，政府应积极与企业合作，共同推动环境法规合理化并保持其稳定性。其次，充分发挥技术创新特别是产品创新对工业绿色增长的驱动效应。以工业4.0为导向，政府为企业营造宽松的创新环境和完善的专利保护制度，鼓励将技术创新尤其是产品创新纳入企业战略，从而为工业绿色增长提供持久的动力源。再次，如果政府制定健全的环境规制，同时加强政策执行监管力度，积极引导企业创新，就有可能实现"创新补偿效应"，达到工业绿色增长目标。对工业企业来说，与其反对环境立法或为遵守现有规则而挣扎，不如以开放心态接纳、主动创新，将环境规制作为进入新产品市场和向绿色生产发展的机会。最后，虽然在环境规制约束下产品创新补偿效应更大，但其高投入、高风险和见效慢的特征，致使企业往往更倾向于选择工艺创新。为此，政府应加强对工业企业创新活动尤其是产品创新的金融补贴、税收优惠等支持，搭建科技成果转化平台，逐步形成协同共生的创新生态系统。同时，倡导绿色消费理念，甚至可由政府直接筹资，作为产品创新投资者或购买者，创造绿色产品需求，助力企业将生态绩效转化为现实竞争力。

第 10 章　总结与展望

10.1　研究总结

当前，中国不仅需要应对经济下行压力，还要缓解越来越严峻的环境压力，努力实现节能减排目标。对此，环境约束下的技术创新，成为根本动力和解决问题的出发点。技术创新对于环境保护的作用是不言而喻的。然而，仅仅依靠自发的技术创新来解决环境与资源问题，是不现实的。究其原因，主要是技术创新的价值取向与环境保护的价值取向之间存在差异。创新活动的经济利益，可以看作是企业开展技术创新活动的唯一目标与动力。当环境保护与经济增长出现冲突、发生矛盾时，技术创新更倾向于促进经济增长。同时，环境保护就很容易被忽视。为了避免出现这种"饮鸩止渴"的现象和结果，需要将经济发展与环境保护紧密结合，经济发展到一定程度后，在注重经济效益的同时，也要重视环境效益和社会效益，将三者有机组合，构成一个多层次、多目标的发展体系，借助这个发展体系，来实现技术创新与环境保护之间的良性互动与良性循环。从技术创新升级到环境技术创新（绿色创新）。市场机制本身不能保证环保技术大规模推广应用，需要制定和实施环境政策。通过环境政策诱发环境技术创新，是降低污染或消除污染的关键。关于这方面的研究中国起步较晚，现有研究成果对中国环境规制建设的指导作用还相当有限。因此，有必要针对环境技术创新的相关制度问题，尤其是对于中国环境规制对绿色创新的激励机制及其优化选择的有关问题进行深入研究，为中国环境规制的制定提供理论依据。本书不仅对拓展中国建设社会主义生态文明的理论内涵具有重要意义，而且，对政府改进和实施环境规制工具也具有重要的指导意义。

本书在资源短缺和环境污染日趋严峻的双重背景下，研究政府环境规制对排污企业进行绿色创新活动的激励机制，旨在通过已取得的研究成果帮助政府环境部门管理引导排污型企业积极从事绿色创新研发活动，实现排污企业绿色转型，进而降低对自然资源的过度需求、减少污染物质的大量排放及改善生态环境质量，进一步破除经济社会发展长期遭受困扰的"经济—环境"怪圈，最终促成经济发展和环境保护"双赢"的局面。

为了达到本书既定研究目的，第一，对排污税环境规制下地区和厂商的污染治理投资行为进行考察和分析，研究最优排污税规制政策的优化设计问题。运用微分博弈分析方法、对比分析方法、最优控制方法，对相邻的两个地区及其排污企业的生产和污染治理行为进行分析。其中，厂商排放的污染物包括有积累作用、产生长期影响的污染物，也包括没有积累作用、仅发生短期影响的污染物。本书通过数理模型的构建和分析，找到了地区和厂商同时实现均衡的时间路径，从而发现排污税政策对厂商污染治理的激励机制，为最优排污税的设计提供了理论依据和数理分析框架。第二，从微观主体行为入手，考察排污权交易规制下的相邻地区的污染治理投资，借以分析排污权交易规制政策的优化选择问题。运用最优控制理论与方法及比较分析等方法，考察相邻地区在不合作和合作两种情况下的最优污染物排放路径。发现地区之间合作进行污染治理，污染治理投资水平更高，能够减少污染物排放，地区的福利水平也更高。此外，设计了一种激励合作的福利分配机制，在该分配机制下，选择合作的地区在任意时点所得的福利净现值高于不合作的地区的福利净现值。本书为地区间进行合作污染治理提供了理论依据，也为地区间合作治理污染提供了成本和收益的分配机制。采用最优规划理论中的微分博弈分析技术，求解获得不同环境规制政策下政府环境管理部门和排污企业在相应博弈过程中的最优均衡策略选择；然后，通过数值分析法对两者最优均衡策略进行动态研究，获得最优策略与重要变量之间的动态变化轨迹。第三，通过比较分析法对不同规制政策下实现的企业绿色创新水平和社会福利水平进行比较分析，以此获得指导环境规制政策制定的理论依据。第四，构造扩展的 Crepon – Duguet – Mairesse（CDM）模型，利用 2009 ~ 2018 年中国制造业的面板数据，实证研究环境规制对制造业绿色发展的影响。第五，构建面板模型，利用 2007 ~

2018 年中国 15 个省区市的面板数据,实证检验环境规制政策对产业结构升级的经济有效性。第六,综合归纳研究成果,提出中国环境规制的政策建议。

通过本书的研究,得到以下四个主要观点。

(1) 对于环境规制的研究需要特别重视环境规制对微观主体行为影响的分析,从而了解环境规制对微观主体的激励与约束机理,以优化设计适宜的环境规制体系。很多关于政策制度的研究仅仅局限于宏观方面,而不深入地考察政策背景下的微观主体行为,或者把微观主体行为视为既定。而事实上,追求利润最大化的微观主体在不同的政策制度下必然具有不同的决策。所以,不重视微观基础的宏观政策制度研究的可靠性、适用性必然大打折扣。本书非常重视微观主体行为的研究,从厂商和地区在各种环境规制政策下的最优化行为入手,考察环境规制对微观主体污染治理行为的激励机理和激励强度,为最优环境规制的优化和选择提供理论依据和分析框架。

(2) 环境污染物有不同种类,对环境规制的研究要针对不同的污染物类别进行分析。污染物从大类来说,有大气污染物和水污染物。其中,大气污染物又分为仅有短期影响的非积聚性污染物和具有长期影响的积聚性污染物。本书针对不同的污染物排放进行了研究。研究发现,因为污染物种类不同,所以适宜的环境规制政策必然有差异。例如,对于流域水污染物控制,除了实施排污权交易、征收排污税等政策以外,还可以采取下游受益者对上游污染控制者进行额外污染物削减所付出的成本进行补偿的机制,借以解决污染治理经费不足的问题,提高上游污染控制者进行污染治理的积极性。

(3) 对环境规制的优化设计,需要考虑现实世界中普遍存在不确定性。传统的研究通常把事物的未来变化路径视为确定的,并以此为基础展开研究,而在现实世界中,许多事物的变化路径是不确定的。本书非常重视不确定性因素的影响,研究了污染物积聚过程中由于自然对污染物的分解吸收能力、污染控制技术的进化、污染治理投资效率等因素的不确定性变化而使得污染积聚数量具有一定的不确定性,从而影响厂商的治理投资行为。因为不确定性的分析使得模型分析难度大大增加,所以,绝大部分相关研究没有把不确定性分析纳入研究范畴,而这样的分析难以反映客观现实情况，所以，本书把不确定性因素纳入分析框架，更能反映客观现实的本质。

（4）环境规制的优化设计，要特别重视跨界污染问题。国内相关研究极少涉及跨界污染问题，而跨界污染是普遍存在的。如果这个问题解决不好，容易造成跨界污染纠纷。本书非常重视跨界污染问题，建立了跨界污染的博弈模型，并比较了地区间合作与不合作的情况，发现合作能够增加各个地区的社会福利水平，并基于上述研究，提出地区间或者流域上下游间的合作额外剩余福利分配的合作维持机制。

在考虑环境规制政策设计和市场结构差异下，开展了具体研究，取得的研究结论有如下五点。

（1）关于"排污税"政策、"创新补贴"政策以及"排污税和创新补贴"组合政策下激励垄断企业绿色创新的机制研究中，结论表明：①在"排污税""创新补贴"以及"排污税和创新补贴"三种政策下，实现社会福利水平由高到低依次是"排污税和创新补贴"组合政策、"排污税"政策和"创新补贴"政策；②绿色创新激励效果由高到低排序，分别是"排污税和创新补贴"组合政策、"创新补贴"政策和"排污税"政策；③在实施三种政策后，社会福利分别随着绿色创新投资学习率、知识累积对绿色投资成本的影响率和知识累积对投资效率影响率的增加而增加；④当边际损害和绿色创新投资的成本系数分别增加时，"排污税和绿色创新补贴"组合政策和"排污税"政策都使社会福利保持了很高水平。

（2）关于"排污税"政策、"创新补贴"政策以及"排污税和创新补贴"组合政策下激励寡头企业绿色创新的机制研究中，结论表明：①在"排污税""创新补贴"以及"排污税和创新补贴"三种政策下，实现社会福利水平由高到低，依次是"排污税和创新补贴"组合政策、"排污税"政策和"创新补贴"政策；②在"排污税""创新补贴"以及"排污税和创新补贴"三种政策的绿色创新激励效果从高到低排序，依次是"排污税和创新补贴"组合政策、"排污税"政策和"创新补贴"政策；③效率改善和成本降低的"干中学"效应都对绿色创新产生了正向作用，进一步提高了社会福利水平；④单个寡头企业的绿色创新投资随着企业数量的增加而下降，这一研究结果符合熊彼特假说。

（3）关于"排污税"政策、"利润税"政策以及"利润税和排污税"组合政策下激励寡头企业绿色创新的机制研究中，结论表明：①当污染损害较低时，"利润税"政策在三种政策中对促进社会福利水平的优势更明显，当污染损害较高时，"排污税"政策对促进社会福利水平具有更明显的作用，"排污税"政策下的社会福利水平，甚至高于"排污税和利润税"组合政策下的社会福利水平；②"排污税""利润税"以及"利润税和排污税"组合三种政策的绿色创新激励效果从高到低排序，依次是"排污税"政策、"排污税和利润税"组合政策，"利润税"政策对企业绿色创新产生零激励；③分别随着古诺市场中寡头企业数目和污染损害因子的增加，最优排污税率增加而最优利润税率下降；④寡头企业绿色创新投资随着市场中企业数目的增加而减少，两者的曲线关系呈现"U"形而非倒"U"形，这一研究发现符合熊彼特假说。

（4）关于环境规制对中国制造业绿色发展的影响研究中，结论表明：①在短期内，环境规制对制造业研发投入具有显著的促进作用，且从长远来看，环境监管对研发投资也有正向激励作用；②环境规制对制造业非发明专利、发明专利的产出促进作用显著，对非发明专利的促进作用强于对发明专利的促进作用；③在短期内，环境规制可以促进制造业劳动生产率、能源效率、环境效率、绿色全要素生产率的提高，因此，"强"波特假说在此成立；④发明专利对工业劳动生产率的效用显著，但却阻碍了能源效率和环境效率的提高；非发明专利对能源效率和环境效率的促进作用显著，但对劳动生产率的改善作用不显著；新产品的销售可以显著提高制造业的劳动生产率、能源效率和绿色全要素生产率，但抑制了环境效率的提高。

（5）在关于环境规制政策对产业结构升级的影响分析中，结论表明：①环境规制政策可以通过多种途径影响区域产业结构的变化，不同类型环境规制政策的产业效应存在显著差异；②中国产业结构升级水平稳步上升，但存在显著的地区性差异。东部地区发展速度快于中、西部地区，且这一差距有逐渐增大的趋势；③不同地区的经济政策不同，带来的经济效应也不同，东部地区更加严格，高端的环境经济政策使得东部产业升级速度较快，促进了东部地区的经济发展，中、西部地区环境经济政策较宽松，存在牺牲环境发展经济的现象，影响经济的可持续发展；④环境规制政策对产业结构升级的影响系数较小，环境规制改革对产业结构升级的作用有限。单纯依靠环境领域的监管改革，难以有效地推动中国经济整体转型。经济的持续增长，有赖于经济、政治、民生等其他领域改革的协调推进。

10.2　研究展望

由于笔者研究能力、时间以及科研精力等方面的有限性，本书在模型设立、研究内容及研究方式等方面都应该得到进一步优化和完善，在今后进一步研究中，可以做出如下改进：

首先，激励企业绿色创新的环境规制政策可以适当扩展，在模型建立过程中综合考虑相关的环境规制工具，如命令—控制型环境规制工具、市场激励型环境规制工具以及自愿型环境规制工具。在综合考虑相关的环境规制工具的情形下获得的研究结果，将会更加丰富且更具启发意义和指导意义。

其次，在基本模型建立之初的各动态方程被假定为线性表达，其虽然具备直观、合理、求解方便等特性，但对于真实、复杂变化的系统，这样的设立可能是需要进一步优化改进的。因此，如何使模型假定更符合现实，今后有待进一步研究。

最后，本书主要通过理论研究和规范分析的方式，研究了环境规制对企业绿色创新的激励机制。在研究方式上，可能显得较为单一，今后的研究可以在此基础上进一步考虑计量经济分析方法的利用，使得规范分析和计量分析交相辉映，研究结果更有说服力和指导作用。

参考文献

[1] 毕茜, 于连超. 环境税与企业技术创新: 促进还是抑制? [J]. 科研管理, 2019, 40 (12): 116 – 125.

[2] 曹洪军, 陈泽文. 内外环境对企业绿色创新战略的驱动效应——高管环保意识的调节作用 [J]. 南开管理评论, 2017, 20 (6): 95 – 103.

[3] 曹霞, 张路蓬. 环境规制下企业绿色技术创新的演化博弈分析——基于利益相关者视角 [J]. 系统工程, 2017, 35 (2): 103 – 108.

[4] 杜龙政, 赵云辉, 陶克涛, 林伟芬. 环境规制、治理转型对绿色竞争力提升的复合效应 [J]. 经济研究, 2019 (10): 106 – 120.

[5] 杜宇, 吴传清, 邓明亮. 政府竞争、市场分割与长江经济带绿色发展效率研究 [J]. 中国软科学, 2020 (12): 84 – 93.

[6] 冯泰文, 陶静祎, 王辰. 绿色创业导向对绿色创新和企业绩效的影响——基于行业的调节作用 [J]. 中国流通经济, 2020, 34 (10): 90 – 103.

[7] 高明, 陈巧辉. 不同类型环境规制对产业升级的影响 [J]. 工业技术经济, 2019, 38 (1): 91 – 99.

[8] 郭爱芳, 陈劲. 基于科学经验的学习对企业创新绩效的影响: 环境动态性 [J]. 科研管理, 2013 (6): 1 – 8.

[9] 郭海, 李阳, 李永慧. 最优区分视角下创新战略和政治战略对数字化新创企业绩效的影响研究 [J]. 研究与发展管理, 2021 (1): 1 – 16.

[10] 韩晶, 陈超凡, 冯科. 环境规制促进产业升级了吗? ——基于产业技术复杂度的视角 [J]. 北京师范大学学报 (社会科学版), 2014 (1): 148 – 160.

[11] 何欢浪. 不同环境政策对企业出口和绿色技术创新的影响

［J］．兰州学刊，2015（10）：148－152.

［12］黄金枝，曲文阳．环境规制对城市经济发展的影响——东北老工业基地波特效应再检验［J］．工业技术经济，2019，38（12）：34－40.

［13］蒋伏心，侍金环．环境规制对社会劳动生产率的影响研究［J］．工业技术经济，2020，39（3）：154－160.

［14］蒋伏心，王竹君，白俊红．环境规制对技术创新影响的双重效应——基于江苏制造业动态面板数据的实证研究［J］．中国工业经济，2013（7）：44－55.

［15］解垩．环境规制与中国工业生产率增长［J］．产业经济研究，2008（1）：19－25，69.

［16］解学梅，朱琪玮．企业绿色创新实践如何破解"和谐共生"难题？［J］．管理世界，2021，37（1）：128－149，9.

［17］金潇，黄灿，郑素丽．企业专利申请类型的影响因素探析——来自中国工业企业的实证研究［J］．科技管理研究，2020，40（3）：125－133.

［18］孔繁彬，原毅军．环境规制、环境研发与绿色技术进步［J］．运筹与管理，2019，28（2）：98－105.

［19］李百兴，王博．新环保法实施增大了企业的技术创新投入吗？——基于 PSM－DID 方法的研究［J］．审计与经济研究，2019，34（1）：87－96.

［20］李广培，李艳歌，全佳敏．环境规制、R&D 投入与企业绿色技术创新能力［J］．科学学与科学技术管理，2018，39（11）：61－73.

［21］李玲，陶锋．中国制造业最优环境规制强度的选择——基于绿色全要素生产率的视角［J］．中国工业经济，2012（5）：70－82.

［22］李玲．环境规制程度与企业绿色技术创新绩效——基于结构方程模型的实证研究［J］．经济论坛，2017（4）：97－102.

［23］李梦雅，严太华．风险投资、引致研发投入与企业创新产出——地区制度环境的调节作用［J］．研究与发展管理，2019，31（6）：61－69.

［24］李世奇，朱平芳．研发补贴对企业创新产出的影响研究

[J]. 中国科技论坛, 2019 (8): 18 – 26.

[25] 李婉红. 排污费制度驱动绿色技术创新的空间计量检验——以29个省域制造业为例 [J]. 科研管理, 2015, 36 (6): 1 – 9.

[26] 李卫兵, 刘方文, 王滨. 环境规制有助于提升绿色全要素生产率吗？——基于两控区政策的估计 [J]. 华中科技大学学报 (社会科学版), 2019, 33 (1): 72 – 82.

[27] 李旭. 绿色创新相关研究的梳理与展望 [J]. 研究与发展管理, 2015, 27 (2): 1 – 11.

[28] 李璇. 供给侧改革背景下环境规制的最优跨期决策研究 [J]. 科学学与科学技术管理, 2017, 38 (1): 44 – 51.

[29] 李雪松, 陆旸, 汪红驹, 等. 未来15年中国经济增长潜力与"十四五"时期经济社会发展主要目标及指标研究 [J]. 中国工业经济, 2020 (4): 5 – 22.

[30] 李园园, 李桂华, 邵伟, 等. 政府补助、环境规制对技术创新投入的影响 [J]. 科学学研究, 2019, 37 (9): 1694 – 1701.

[31] 廖显春, 李小慧, 施训鹏. 绿色投资对绿色福利的影响机制研究 [J]. 中国人口·资源与环境, 2020, 30 (2): 148 – 157.

[32] 廖直东, 代法涛, 荣幸. 高质量发展的创新驱动路径——基于工业创新产出变化及其驱动效应的 LMDI 分解 [J]. 产经评论, 2019, 10 (3): 131 – 143.

[33] 林伯强, 谭睿鹏. 中国经济集聚与绿色经济效率 [J]. 经济研究, 2019 (2): 119 – 132.

[34] 林秀梅, 关帅. 环境规制推动了产业结构转型升级吗？——基于地方政府环境规制执行的策略互动视角 [J]. 南方经济, 2020, 36 (11): 99 – 115.

[35] 刘津汝, 曾先峰, 曾倩. 环境规制与政府创新补贴对企业绿色产品创新的影响 [J]. 经济与管理研究, 2019, 40 (6): 106 – 118.

[36] 刘薇. 国内外绿色创新与发展研究动态综述 [J]. 中国环境管理干部学院学报, 2012, 22 (5): 17 – 20.

[37] 逯进, 赵亚楠, 苏妍. "文明城市"评选与环境污染治理: 一项准自然实验 [J]. 财经研究, 2020, 46 (4): 109 – 124.

［38］马文甲，张琳琳，巩丽娟．外向型开放式创新导向与模式的匹配对企业绩效的影响［J］．中国软科学，2020（2）：167-173.

［39］毛建辉，管超．环境规制、政府行为与产业结构升级［J］．北京理工大学学报（社会科学版），2019，21（3）：1-10.

［40］聂爱云，何小钢．企业绿色技术创新发凡：环境规制与政策组合［J］．改革，2012（4）：102-108.

［41］宁淼，王彤，徐云．资源节约型与环境友好型社会技术选择及其创新激励机制的比较研究［J］．中国人口·资源与环境，2008（4）：134-138.

［42］彭文斌，路江林．环境规制与绿色创新政策：基于外部性的理论逻辑［J］．社会科学，2017（10）：73-83.

［43］彭雪蓉，黄学．企业生态创新影响因素研究前沿探析与未来研究热点展望［J］．外国经济与管理，2013，35（9）：61-71，80.

［44］时乐乐，赵军．环境规制、技术创新与产业结构升级［J］．科研管理，2018，39（1）：119-125.

［45］苏昕，周升师．双重环境规制、政府补助对企业创新产出的影响及调节［J］．中国人口·资源与环境，2019，029（3）：31-39.

［46］孙玉阳，穆怀中，范洪敏，侯晓娜，张志芳．环境规制对产业结构升级异质联动效应研究［J］．工业技术经济，2020，39（4）：89-95.

［47］童健，刘伟，薛景．环境规制、要素投入结构与工业行业转型升级［J］．经济研究，2016（7）：43-57.

［48］王博，张永忠，陈灵杉，等．中国城市绿色创新水平及影响因素贡献度分解［J］．科研管理，2020，41（8）：123-134.

［49］王锋正，姜涛，郭晓川．政府质量、环境规制与企业绿色技术创新［J］．科研管理，2018，39（1）：26-33.

［50］王文普．环境规制、空间溢出与地区产业竞争力［J］．中国人口·资源与环境，2013，23（8）：123-130.

［51］伍格致，游达明．环境规制对技术创新与绿色全要素生产率的影响机制：基于财政分权的调节作用［J］．管理工程学报，2019，33（1）：42-55.

［52］伍健，田志龙，龙晓枫，等. 战略性新兴产业中政府补贴对企业创新的影响［J］. 科学学研究，2018，36（1）：158-166.

［53］吴磊，贾晓燕，吴超，等. 异质型环境规制对中国绿色全要素生产率的影响［J］. 中国人口·资源与环境，2020，30（10）：82-92.

［54］肖兴志，李少林. 环境规制对产业升级路径的动态影响研究［J］. 经济理论与经济管理，2013（6）：102-112.

［55］谢荣辉. 环境规制、引致创新与中国工业绿色生产率提升［J］. 产业经济研究，2017（2）：38-48.

［56］许慧. 低碳经济发展与政府环境规制研究［J］. 财经问题研究，2014（1）：112-117.

［57］严翔，成长春. 长江经济带科技创新效率与生态环境非均衡发展研究——基于双门槛面板模型［J］. 软科学，2018，32（2）：11-15.

［58］闫莹，孙亚蓉，耿宇宁. 环境规制政策下创新驱动工业绿色发展的实证研究——基于扩展的 CDM 方法［J］. 经济问题，2020（8）：86-94.

［59］杨发明，吕燕. 绿色技术创新的组合激励研究［J］. 科研管理，1998（1）：41-45.

［60］杨冕，晏兴红，李强谊. 环境规制对中国工业污染治理效率的影响研究［J］. 中国人口·资源与环境，2020，30（9）：54-61.

［61］杨骞，秦文晋，刘华军. 环境规制促进产业结构优化升级吗？［J］. 上海经济研究，2019（6）：83-95.

［62］伊晟，薛求知. 绿色供应链管理与绿色创新——基于中国制造业企业的实证研究［J］. 科研管理，2016，37（6）：103-110.

［63］余泳泽，孙鹏博，宣烨. 地方政府环境目标约束是否影响了产业转型升级？［J］. 经济研究，2020（8）：57-72.

［64］臧传琴，张菡. 环境规制技术创新效应的空间差异——基于2000—2013 年中国面板数据的实证分析［J］. 宏观经济研究，2015（11）：72-83，141.

［65］张彩云，苏丹妮. 环境规制、要素禀赋与企业选址——兼论"污染避难所效应"和"要素禀赋假说"［J］. 产业经济研究，2020（3）：43-56.

［66］张峰，史志伟，宋晓娜，闫秀霞．先进制造业绿色技术创新效率及其环境规制门槛效应［J］．科技进步与对策，2019，36（12）：62－70．

［67］张钢，张小军．企业绿色创新战略的驱动因素：多案例比较研究［J］．浙江大学学报（人文社会科学版），2014，44（1）：113－124．

［68］张静，周魏．绿色创新研究进展综述［J］．科技管理研究，2015，35（8）：232－237．

［69］张娟，耿弘，徐功文，陈健．环境规制对绿色技术创新的影响研究［J］．中国人口·资源与环境，2019，29（1）：168－176．

［70］张平，张鹏鹏，蔡国庆．不同类型环境规制对企业技术创新影响比较研究［J］．中国人口·资源与环境，2016，26（4）：8－13．

［71］张倩，曲世友．环境规制对企业绿色技术创新的影响研究及政策启示［J］．中国科技论坛，2013（7）：11－17．

［72］张倩．环境规制对绿色技术创新影响的实证研究——基于政策差异化视角的省级面板数据分析［J］．工业技术经济，2015，34（7）：10－18．

［73］赵明亮，刘芳毅，王欢，等．FDI、环境规制与黄河流域城市绿色全要素生产率［J］．经济地理，2020，40（4）：38－47．

［74］张同斌，张琦，范庆泉．政府环境规制下的企业治理动机与公众参与外部性研究［J］．中国人口·资源与环境，2017，27（2）：36－43．

［75］赵爱武，杜建国，关洪军．消费者异质需求下企业环境创新行为演化模拟与分析［J］．中国管理科学，2018，26（6）：124－132．

［76］赵玉民，朱方明，贺立龙．环境规制的界定、分类与演进研究［J］．中国人口·资源与环境，2009，19（6）：85－90．

［77］朱源．政策环境评价的国际经验与借鉴［J］．生态经济，2015（4），124－128．

［78］祝影，孙锐，翟峰．外资研发如何影响自主创新？——基于外资研发溢出路径的模型与实证［J］．科研管理，2016，37（12）：28－36．

［79］Acosta M.，Coronado D.，Romero C.，2015. Linking public support，R&D，innovation and productivity：new evidence from the Spanish food industry [J]. Food policy, 57: 50 - 61.

[80] Albrizio S. , Kozluk T. , Zipperer V. , 2017. Environmental policies and productivity growth: evidence across industries and firms. J. Environ. Econ. Manag. 81, 209 - 226.

[81] Aldieri L. , Carlucci F. , Vinci C. P. , Yigitcanlar T. , 2019. Environmental innovation, knowledge spillovers and policy implications: a systematic review of the economic effects literature. J. Clean. Prod. 239, 118051.

[82] Almus M. , Czarnitzki D. , 2003. The effects of public R&D subsidies on firms' innovation activities: the case of Eastern Germany. Journal of Business & Economic Statistics, 21, 226 - 236.

[83] Amores-Salvado J. , Castro G. M. , Navas-Lopez J. E. , 2014. Green corporate image: moderating the connection between environmental product innovation and firm performance. Journal of cleaner production, 83 (11): 356 - 365.

[84] Argotte L. , Epple D. , 1990. Learning curves in manufacturing. Sci, 247, 920 - 924.

[85] Arrow K. J. , 1962. The economic implications of learning by doing. Review of Economic Studies, 29 (3), 155 - 173.

[86] Arrow K. , 1962. Economic Welfare and the Allocation of Resources for Invention. In R. Nelson (Ed.), The rate and direction of industrial activity. Princeton N. J. : Princeton University Press.

[87] Baker E. , Shittu E. , 2006. Profit-maximizing R&D in response to a random carbon tax [J]. Resource & Energy Economics, 28 (2), 160 - 180.

[88] Barnett A. H. , 1980. The Pigouvian tax rule under monopoly. The American Economic Review, 70 (5), 1037 - 1041.

[89] Benchekroun H. , Long N. V. , 1998. Efficiency inducing taxation for polluting oligopolists. Journal of Public Economics, 70, 325 - 342.

[90] Bouché S. , 2017. Learning by doing, endogenous discounting and economic development. Journal of Mathematical Economics, 73, 34 - 43.

［91］ Braun E. , Wield D. , 1994. Regulation as a means for the social control of technology ［J］. Technology Analysis & Strategic Management, 6 (3): 259 – 272.

［92］ Brechet T. , Meunier G. , 2012, Are clean technology and environmental quality conflicting policy goals? ［J］. Resource and Energy Economics, (6): 1 – 29.

［93］ Bronzini R. , Piselli P. , 2016. The impact of R&D subsidies on firm innovation. Research Policy, 45 (2), 442 – 457.

［94］ Brunneimer S. , Cohen M. , 2003. Determinants of environmental innovation in US.

［95］ Carrion-Flores C. E. , Innes R. , 2010. Environmental innovation and environmental performance. J. Environ. Econ. Manag. 59, 27 – 42.

［96］ Chakraborty P. , Chatterjee C. , 2017. Does environmental regulation indirectly induce upstream innovation? New evidence from India ［J］. Research policy, 46 (5): 939 – 955.

［97］ Chang C. H. , 2011. The Influence of Corporate Environmental Ethics on Competitive Advantage: The Mediation Role of Green Innovation ［J］. Journal of Business Ethics, 104 (3): 361 – 370.

［98］ Chang S. , Qin W. , Wang X. , 2018. Dynamic optimal strategies in transboundary pollution game under learning by doing. Physica A. 490, 139 – 147.

［99］ Chang S. J. , Chung J. , Moon J. J. , 2013. When do wholly owned subsidiaries perform better than joint ventures? Strategic Manag. J. 34, 317 – 337.

［100］ Chen S. Y. , Golley J. , 2014. "Green" productivity growth in China's industrial economy ［J］. Energy economics, 44: 89 – 98.

［101］ Chen W. T. , Hu Z. H. , 2018. Using evolutionary game theory to study governments and manufacturers' behavioral strategies under various carbon taxes and subsidies. J. Clean. Prod, 148, 123 – 141.

［102］ Chen X. , Qian W. , 2020. Effect of marine environmental regulation on the industrial structure adjustment of manufacturing industry: an empirical analysis of China's eleven coastal provinces [J]. Marine policy 113, 103797.

[103] Chen Y., Zhao L., 2019. Exploring the relation between the industrial structure and the eco-environment based on an integrated approach: a case study of Beijing, China [J]. Ecological indicators, 103, 83 – 93.

[104] Cheng Z. H., Li L. S., Liu J., 2017. The emissions reduction effect and technical progress effect of environmental regulation policy tools [J]. Journal of cleaner production, 149, 191 – 205.

[105] Chintrakarn P. 2008. Environmental regulation and U. S. states' technical inefficiency [J]. Economics Letters, 100 (3): 0 – 365.

[106] Chudnovsky D., Lopez A., Pupato G., 2006. Innovation and productivity in developing countries: a study of Argentine manufacturing firms' behavior (1992 – 2001). Res. Policy 35, 266 – 288.

[107] Clausen T. H., 2009. Do subsidies have positive impacts on R&D and innovation activities at the firm level? Structural Change and Economic Dynamics, 20 (4), 239 – 253.

[108] Coggan A., Whitten S. M., Bennett J., 2010. Influences of transaction costs in environmental policy. Ecol. Econ. 69, 1777 – 1784.

[109] Cory D. C., Rahman T., 2009. Environmental justice and enforcement of the safe.

[110] Costa-Campi M. T., García-Quevedo J., 2017. Martínez-Ros E. What are the determinants of investment in environmental R&D [J]. Energy policy, 104: 455 – 465.

[111] Costa-Campi M. T., Duch-Brown N., García-Quevedo J., 2014. R&D drivers and obstacles to innovation in the energy industry. Energy Econ., 46, 20 – 30.

[112] Costantini V., Crespi F., Marin G., Paglialunga E., 2017. Eco-innovation, sustainable supply chains and environmental performance in European industries. J. Clean. Prod. 155, 141 – 154.

[113] Crepon B., Duguet E., Mairesse J., 1998. Research, innovation and productivity: an econometric analysis at the firm level. Econ. In-

novat. New Technol. 7 (2), 115 - 158.

[114] Darnall N., Henriques I., Sadorsky P., 2008. Do Environmental Management Systems Improve Business Performance in an International Setting? [J]. Journal of International Management, 14 (4): 364 - 376.

[115] David M., Sinclair-Desgagné B., 2005. Environmental regulation and the eco-industry. J. Regul. Econ., 28 (2): 141 - 155.

[116] Delgado-Ceballos J., Aragón-Correa J. A., 2012. Ortiz-De-Mandojana N, et al. The Effect of Internal Barriers on the Connection Between Stakeholder Integration and Proactive Environmental Strategies [J]. Journal of Business Ethics, 107 (3): 281 - 293.

[117] Delgado-Márquez B. L., Pedauga L. E., Cordón-Pozo E., 2017. Industries regulation and firm environmental disclosure: a stakeholders' perspective on the importance of legitimation and international activities. Organ. Environ. 30 (2), 103 - 121.

[118] Devereux M. P., 2008. Business taxation in a globalized world. Oxf. Rev. Econ. Policy. 24 (4), 625 - 638.

[119] Domazlicky B. R., Weber W. L., 2004. Does environmental protection lead to slower productivity growth in the chemical industry? [J]. Environment and resource economics, 28 (3): 301 - 324.

[120] Donaldson T., Preston L. E., 1995. The Stakeholder Theory of the Corporation: Concepts, Evidence, and Implications [J]. Academy of Management Review, 20 (1): 65 - 91.

[121] Doran J., Ryan G., 2016. The importance of the diverse drivers and types of environmental innovation for firm performance. Bus Strategy Environ. 25 (2), 102 - 119.

[122] Dosi G., Marengo L., Pasquali C., 2006. How much should society fuel the greed of innovators? On the relations between appropriability, opportunities and rates drinking water act: the Arizona arsenic experience. Ecol. Econ. 68, 1825 - 1837.

[123] Du W. J., Li M. J., 2020. Influence of environmental regulation on promoting the lowcarbon transformation of China's foreign trade: based

on the dual margin of export enterprise. J. Clean. Prod. 244, 118687.

[124] El-Zayat H. , Ibraheem G. , Kandil S. , 2006. The response of industry to environmental regulations in Alexandria, Egypt. J. Environ. Manag. 79, 207 – 214.

[125] Gilli M. , Mancinelli S. , Mazzanti M. , 2014. Innovation complementarity and environmental productivity effeets: reality or delusion? evidence from the eu. Ecological Economics, 103, 56 – 67.

[126] Fan R, Dong L. , 2018. The dynamic analysis and simulation of government subsidy strategies in low-carbon diffusion considering the behavior of heterogeneous agents. Energy Policy, 117, 252 – 262.

[127] Fan K. , Hui E. C. , 2020. Evolutionary game theory analysis for understanding the decision-making mechanisms of governments and developers on green building incentives. Build Environ. 179, 106972.

[128] Feess E. , Muehlheusser G. , 2002. Strategic environmental policy, clean technologies and the learning curve. Environmental and Resource Economics, 23 (2): 149 – 166.

[129] Feichtinger G. , Lambertini L. , George Leitmann G. , Wrzaczek S. , 2016. R&D for green technologies in a dynamic oligopoly: Schumpeter, arrow and inverted-U's. European Journal of Operational Research, 249, 1131 – 1138.

[130] Feichtinger G. , 1983. The nash solution of an advertising differential game: Generalization of a model by Leitmann and Schmitendorf. IEEE Trans. Automat. Contr, 28, 1044 – 1048.

[131] Frank A. G. , Cortimiglia M. N. , Ribeiro J. L. D. , et al. , 2016. The effect of innovation activities on innovation outputs in the Brazilian industry: market-orientation vs. technology-acquisition strategies [J]. Research policy, 45 (3): 577 – 592.

[132] Friedrich D. , 2020. How regulatory measures towards biobased packaging influence the strategic behaviour of the retail industry: a microempirical study. J. Clean. Prod. 260 (1), 121128.

[133] Fussler C. , James P. , 1996. Driving co-Innovation: A Break-

through Discipline for Innovation and Sustainability [M]. London: Pitman Publishing.

[134] Gadenne D. L., Mckeiver K. C., 2009. An Empirical Study of Environmental Awareness and Practices in SMEs [J]. Journal of Business Ethics, 84 (1): 45 - 63.

[135] Ghisetti C., Pontoni F., 2015. Investigating policy and R&D effects on environmental innovation: a meta-analysis. Ecol. Econ. 118, 57 - 66.

[136] Ghisetti C., Rennings K., 2014. Environmental innovations and profitability: how does it pay to be green? An empirical analysis on the German innovation survey [J]. Journal of cleaner roduction, 75 (7), 106 - 117.

[137] González X., Jaumandreu J., Pázo C., 2005. Barriers to innovation and subsidy effectiveness. Rand Journal of Economics 3to 930 - 950.

[138] Gray W. B., 1987. The Cost of Regulation: OSHA, EPA and the Productivity Slowdown. [J]. American Economic Review, 77 (77): 998 - 1006.

[139] Grosse E. H., Glock C. H., Müller S., 2015. Production Economics and the learning curve: A meta-analysis. International Journal of Production Economics, 170, 401 - 412.

[140] Guldson A., Carpenter A., Afionis S., 2014. An international comparison of the outcomes of environmental regulation. Environ. Res. Lett. 9, 074019.

[141] Guo P. B., Wang T., Li D., et al., 2016. How energy technology innovation affects transition of coal resource-based economy in China [J]. Energy policy, 92 (5), 1 - 6.

[142] Guo Y., Tong L., Mei L., 2020. The effect of industrial agglomeration on green development efficiency in Northeast China since the revitalization. J. Clean. Prod. 258, 120584.

[143] Gurtoo A., Antony S. J., 2007. Environmental regulations: indirect and unintended consequences on economy and business. Manag. Environ. Qual. 18 (6), 626 - 642.

[144] Hammond M. J., Dunkiel B., 1998. The logic of environmental

tax reform in the United States. Ecolo. Econ. Bull. 3 (3), 25 – 27.

[145] Hart S. L. , 1995. A Natural-Resource-Based View of the Firm [J]. The Academy of Management Review, 20 (4): 986 – 1014.

[146] Hatch N. W. , Mowery D C. , 1998. Process Innovation and Learning by Doing in Semiconductor Manufacturing. Manage Sci, 44 (11-part-1), 1461 – 1477.

[147] Hattori, Keisuke. , 2017. Optimal combination of innovation and environmental policies under technology licensing. Economic Modelling, 64, 601 – 609.

[148] Haufler A. , Stähler F. , 2013. Tax competition in a simple model with heterogeneous firms: how larger markets reduce profits taxes. Int. Econ. Rev. 54 (2), 665 – 692.

[149] Hausman J. A. , 1981. Exact consumer's surplus and deadweight loss. Am Econ Rev, 71, 662 – 676.

[150] Hirte G. , Tscharaktschiew S. , 2013. The optimal subsidy on e-lectric vehicles in German metropolitan areas: a spatial general equilibrium a-nalysis. Energy Econ, 40 (2), 515 – 528.

[151] Horbach J. , Rammer C. , Rennings K. , 2012. Determinants of eco-innovations by type of environmental impact—The role of regulatory push/pull, technology push and market pull [J]. Ecological economics, 78: 112 – 122.

[152] Horbach J. , 2008. Determinants of environmental innovation—New evidence from German panel data sources [J]. Research policy, 37 (1): 163 – 173.

[153] Hu Y. , Ren S. , Wand Y. , Chen X. , 2020. Can carbon e-mission trading scheme achieve energy conservation and emission reduction? Evidence from the industrial sector in china Energy Econ. 85, 104590.

[154] Jabbour A. B. , Jabbour C. , Govindan K. , et al. , 2014. Mixed methodology to analyze the relationship between maturity of environmental management and the adoption of green supply chain management in Brazil [J]. Resources, Conservation and Recycling, 92: 255 – 267.

[155] Jaffe A. B. , Palmer K. , 1997. Environmental Regulation and Innovation: A Panel Data Study [J]. Review of Economics and Statistics, 79 (4): 610 –619.

[156] Jaffe A. B. , Peterson S. R. , Stavins P. R. N. , 1995. Environmental Regulation and the Competitiveness of U. S. Manufacturing: What Does the Evidence Tell Us? [J]. Journal of Economic Literature, 33 (1): 132 – 163.

[157] Ji S. F. , Zhao D. , Luo R. J. , 2019. Evolutionary game analysis on local governments and manufacturers' behavioral strategies: Impact of phasing out subsidies for new energy vehicles. Energy, 189, 116064.

[158] Jung C. , Krutilla K. , Boyd R. , 1996. Incentives for Advanced Pollution Abatement Technology at the Industry Level: An Evaluation of Policy Alternatives [J]. Journal of Environmental Economics & Management, 30 (1): 0 – 111.

[159] K. Rennings, 1998. "Towards a Theory and Policy of Eco-innovation: Neoclassical and Co-Evolutionary Perspects" ZEW Discussion Paper, Vol. 6, pp. 98 – 124.

[160] Kawai N. , Strange R. , Zucchella A. 2018. Stakeholder pressures, EMS implementation, and green innovation in MNC overseas subsidiaries [J]. International Business Review, S0969593117307084.

[161] Kemp R. , Arundel A. , Smith K. , 2002. Survey indicators for environmental innovation [R]. Garmisch-Partenkirchen, Germany: Conference towards environmental innovation systems.

[162] Khaloie H. , Abdollahi A. , Shafie-Khah M. , et al. , 2020. Co-optimized bidding strategy of an integrated wind-thermal-photovoltaic system in deregulated electricity market under uncertainties. J. Clean. Prod. 242, 118434.

[163] Khaloie H. , Abdollahi A. , Shafie-Khah M. , et al. , 2020. Coordinated wind-thermal-energy storage offering strategy in energy and spinning reserve markets using a multistage model. Appl Energ. 259, 114168.

[164] Kim B. , Kim E. , Miller D. J. , et al. , 2016. The impact of

the timing of patents on innovation performance ［J］. Resource policy, 45 (4): 914 – 928.

［165］ Kneller R. , Manderson E. , 2012. Environmental regulations and innovation activity in UK manufacturing industries ［J］. Resource and energy economics, 34 (2): 211 – 235.

［166］ Kogan K. , Ouardighi F. E. , Chernonog T. , 2016. Learning by doing with spillovers: Strategic complementarity versus strategic substitutability. Automatica. 67, 282 – 294.

［167］ Konzelmann S. , Fovargue-Davies M. , Wilkinson F. , 2018. Britain's industrial evolution: the structuring role of economic theory. Journal of Economic Issues 52 (1), 1 – 30.

［168］ Kort R. , Hoff W. D. , West M. V. , et al. , 1984. The xanthopsins: a new family of eubacterial blue-light photoreceptors. Embo Journal, 15 (13), 3209 – 3218.

［169］ Lambertini L. , Poyago-Theotoky J. , Tampieri A. , 2017. Cournot competition and "green" innovation: An inverted-U relationship. Energy Economics, 68: 116 – 123.

［170］ Leitmann G. , Schmitendorf W. E. , 1978. Profit maximization through advertising: A nonzero sum differential game approach. IEEE Trans. Automat. Contr, 23, 646 – 650.

［171］ Levinson A, Taylor M S. , 2018. Unmasking the pollution haven effect ［J］. International economic review, 49 (1), 223 – 254.

［172］ Li S. , Ni J. , 2016. A dynamic analysis of investment in process and product innovation with learning-by-doing. Economics Letters, 145, 104 – 108.

［173］ Li S. , Ni J. , 2016. A dynamic analysis of investment in process and product innovation with learning-by-doing. Econ Lett, 145, 104 – 108.

［174］ Li B. , Wu S S. , 2016. Effects of local and civil environmental regulation on green total factor productivity in China: a spatial Durbin econometric analysis ［J］. Journal of cleaner production, 153 (6): 342 – 353.

［175］ Li K. , Lin B. Q. , 2016. Impact of energy conservation policies on the green productivity in China's manufacturing sector: evidence from a three-stage DEA model. Appl. Energy, 168, 351 – 363.

[176] Li S. D. , Pan X. J. , 2014. A dynamic general equilibrium model of pollution abatement under learning by doing. Economics Letters, 122 (2), 285 – 288.

[177] Li W. W. , Wang W. P. , Wang Y. , et al. , 2018. Historical growth in total factor carbon productivity of the Chinese industry—a comprehensive analysis [J]. Journal of cleaner production, 170, 471 – 485.

[178] Liao, Zhongju. , 2018. Environmental policy instruments, environmental innovation and the reputation of enterprises. Journal of Cleaner Production, 171, 1111 – 1117.

[179] Lin B. Q. , Zheng Q. Y. , 2017. Energy efficiency evolution of China's paper industry [J]. Journal of cleaner production, 140 (9), 1105 – 1117.

[180] Lin H. , Zeng S. X. , Ma H. Y. , et al. , 2014. Can political capital drive corporate green innovation? Lessons from China [J]. Journal of Cleaner Production, 64: 63 – 72.

[181] Lin B. Q. , Zhao H. L. , 2016. Technology gap and regional energy efficiency in China's textile industry: a non-parametric meta-frontier approach [J]. Journal of cleaner production, 137 (11), 21 – 28.

[182] Lin B. Q. , Zheng Q. Y. , 2017. Energy efficiency evolution of China's paper industry. Clean. Prod. 140, 1105 – 1117.

[183] Lin J. Y. , 2012. The Quest for Prosperity: How Developing Economics Can Take off. Peking University Press, Beijing, p. 39.

[184] Liu C. , Ma C. , Xie R. , 2020. Structural, innovation and efficiency effects of environmental regulation: evidence from China's carbon emissions trading pilot. Environ. Resour. Econ. 75, 741 – 768.

[185] Ma Y. , Hou G. , Yin Q. , Xin B. , Pan Y. , 2018. The sources of green management innovation: does internal efficiency demand pull or external knowledge supply push? J. Clean. Prod. 202, 582 – 590.

[186] Marin G. , 2014. Do eco-innovations harm productivity growth

through crowding out? Results of an extended CDM model for Italy [J]. Resource policy, 43 (2), 301 – 317.

[187] Martín Herrán, Guiomar, Rubio S J., 2018. Second-best taxation for a polluting monopoly with abatement investment. Energy Economics, 73 (6), 178 – 193.

[188] Meng F. Y., Su B., Thomson E., et al., 2016. Measuring China's regional energy and carbon emission efficiency with DEA models: a survey. Applied energy, 183 (12), 1 – 21.

[189] Milliman S. R., Prince R., 1989. Firm incentives to promote technological change in pollution control. Journal of Environmental Economics & Management, 17 (3), 0 – 265.

[190] Millimet D. L., Roy J., 2016. Empirical tests of the pollution haven hypothesis when environmental regulation is endogenous. J. Appl. Econ. 31, 652 – 677.

[191] Montero J. P. Permits., 2002. Standards, and Technology Innovation. Journal of Environmental Economics & Management, 44 (1): 0 – 44.

[192] Mulatu A., Gerlagh R., Rigby D., Wossink A., 2010. Environmental regulation and industry location in Europe. Environmental Resource Economics, 45, 459 – 479.

[193] Okuma K., 2012. An analytical framework for the relationship between environmental measures and economic growth based on the regulation theory: key concepts and a simple model. Evolutionary and Institutional Economics Review, 9 (1), 141 – 168.

[194] Pan X., Li S., 2015. Dynamic optimal control of process-product innovation with learning by doing, European Journal of Operational Research, 248 (1), 136 – 145.

[195] Pan X., Uddin Han C., Pan X., 2019. Dynamics of financial development, trade openness, technological innovation, and energy intensity: evidence from Bangladesh. Energy, 171, 456 – 464.

[196] Pang Y., 2019. Taxing pollution and profits: A bargaining approach. Energy Econ, 78, 278 – 288.

[197] Peng X. , 2020. Strategic interaction of environmental regulation and green productivity growth in China: green innovation or pollution refuge. Sci. Total Environ. 732, 139200.

[198] Piketty T. , 2005. Putting distribution back at the center of economics: reflections on capital in the twenty-first century. J. Econ Perspect. 29 (1), 67 – 88.

[199] Pipkin S. , Fuentes A. , 2017. Spurred to upgrade: a review of triggers and consequences of industrial upgrading in the global value chain literature. World Dev. 98, 536 – 554.

[200] Polzin F. , von Flotow P. , Klerkx L. , 2016. Addressing barriers to eco-innovation: exploring the finance mobilisation functions of institutional innovation intermediaries. Technological Forecasting and Social Change, 103, 34 – 46.

[201] Porter M E. , 1991. America's green strategy [J]. Scientific American, 26 (4): 168.

[202] Porter M. E, van der Linde C. , 1995. Toward a new conception of the environment-competitiveness relationship [J]. Journal of economic perspectives, 9 (4): 97 – 118.

[203] Prasad M. , Mishra T. , 2017. Low-carbon growth for Indian iron and steel sector: exploring the role of voluntary environmental compliance [J]. Energy policy, 100: 41 – 50.

[204] Qi G. Y. , Zeng S. X. , Shi J. J. , et al. , 2014. Revisiting the relationship between environmental and financial performance in Chinese industry [J]. Journal of Environmental Management. 145, 49 – 356.

[205] Ramanathan R. , Black A. , Nath P. , Muyldermans L. , 2010. Impact of environmental regulations on innovation and performance in the UK industrial sector. Manag. Decis. 48 (10), 1493 – 1513.

[206] Ramos C. , García A. S. , Moreno B. , Díaz G. , 2019. Small-scale renewable power technologies are an alternative to reach a sustainable economic growth: evidence from Spain. Energy, 167, 13 – 25.

[207] Ramus C. A. , Steger U. , 2000. The roles of supervisory sup-

port behaviors and environmental policy in employee "Ecoinitiatives" at leading-edge European companies. Academy of Management Journal, 43 (4): 605 - 626.

[208] Raymond W. , Mairesse J. , Mohnen P. , Palm F. , 2015. Dynamic models of R&D, innovation and productivity: panel data evidence for Dutch and French manufacturing. Eur. Econ. Rev. 78: 285 - 306.

[209] Ren S G, Li X L, Yuan B L, et al. , 2018. The effects of three types of environmental regulation on eco-efficiency: a cross-region analysis in China [J]. Journal of cleaner production, 173: 245 - 255.

[210] Requate T. , 2005. Commitment and Timing of Environmental Policy, Adoption of New Technology and Repercussions on R&D [J]. Environmental & Resource Economics, 31 (2): 175 - 199.

[211] Requate T. , 2006. Environmental Policy under Imperfect Competition. International Yearbook of Environmental and Resource Economics 2006/2007, Edward Elgar. 120 - 208.

[212] Rhoades J. D. , 1985. Methods of Soil Analysis Part 2 Chemical and Microbiological Properties [M]. Academic Press, New York, USA, 167 - 168.

[213] Ribeiro F. D. M. , Kruglianskas I. , 2015. Principles of environmental regulatory quality: a synthesis from literature review [J]. Journal of cleaner production, 96: 58 - 76.

[214] Romano L. , Traù F. , 2017. The nature of industrial development and the speed of structural change [J]. Social science electronic publishing, 42: 26 - 37.

[215] Rosen S. , 1972. Learning by experience as joint production. Quarterly Journal of Economics, 86 (3): 366 - 382.

[216] Rubashkina Y. , Galeotti M. , Verdolini E. , 2015. Environmental regulation and competitiveness: Empirical evidence on the Porter Hypothesis from European manufacturing sectors [J]. Energy policy, 83: 288 - 300.

[217] Saltari E. , Travaglini G. , 2011. The effects of environmental

policies on the abatement investment decisions of a green firm. Resource & Energy Economics, 33 (3): 666 – 685.

[218] Schumpeter J. A., 1934. The theory of economic development. Oxford: Oxford University Press.

[219] Schumpeter J. A., 1942. Capitalism, socialism and democracy. New York: Harper.

[220] Schumpeter J. A., 1942. The Process of Creative Destruction. In: Capitalism, Socialism and Democracy, Chapter 7, Harper, New York.

[221] Shehabi M., 2020. Diversifification effects of energy subsidy reform in oil exporters: illustrations from Kuwait [J]. Energy policy, 138: 110966.

[222] Shen S., Li S., Wang X. P., Liao Z. J., 2020. The effect of environmental policy tools on regional green innovation: Evidence from China. J. Clean. Prod, 254: 120122.

[223] Simon J L, Steinmann G., 1984. The economic implications of learning-by-doing for population size and growth. European Economic Review, 26 (1 – 2): 167.

[224] Song C., Oh W., 2015. Determinants of innovation in energy intensive industry and implications for energy policy [J]. Energy policy, 81 (6), 122 – 130.

[225] Sun Y. M., Lu Y. L., Wang T. Y., Ma H., He G. Z., 2008. Pattern of patent-based environmental technology innovation in China. Technol. Forecast. Soc. Change, 75, 1032 – 1042.

[226] Song M. L., Wang S. H., Zhang H. Y., 2020. Could environmental regulation and R&D tax incentives affect green product innovation? J. Clean. Prod, 258, 120849.

[227] Spence M., 1984. Cost reduction, competition, and industry performance. Econometrica, 52 (1), 101 – 122.

[228] Strand J., Toman M., 2016. "Green stimulus", economic recovery, and long-term sustainable development Policy Research Working

Paper, 42 (1), 1 – 28.

[229] Stucki T. , Woerter M. , Arvanitis S. , et al. , 2018. How different policy instruments affect green product innovation: A differentiated perspective. Energy Policy, 114, 245 – 261.

[230] Sun P. , Nie P. Y. , 2015. A comparative study of feed-in tariff and renewable portfolio standard policy in renewable energy industry. Renewable Energy, 74: 255 – 262.

[231] Suphi Sen. , 2015. Corporate governance, environmental regulations, and technological change [J]. European Economic Review, 80: 36 – 61.

[232] Taylor C. M. , Gallagher E. A. , Pollard S. J. T. , Rocks S. A. , Smith H. M. , Leinster P. , Angus A. J. , 2019. Environmental regulation in transition: policy officials' views of regulatory instruments and their mapping to environmental risks [J]. Science of the Total Environment, 649: 811 – 820.

[233] Thompson P. , 2010. Learning by doing. Handbook of the Economics of Innovation, (1): 429 – 476.

[234] Tietenberg T H. , 1974. Derived decision rules for pollution control in a general equilibrium space economy [J]. Journal of Environmental Economics & Management, 1 (1): 3 – 16.

[235] Veugelers R. , 2012. Which policy instruments to induce clean innovating? [J]. Research Policy, 41 (10).

[236] Wang C. , Nie P. Y. , Peng D. H. , et al. , 2017. Green insurance subsidy for promoting clean production innovation. Journal of Cleaner Production, 148 (Complete): 111 – 117.

[237] Wang X. , Zhang C. , Zhang Z. , 2019b. Pollution haven or porter? The impact of environmental regulation on location choices of pollution-intensive fifirms in China [J]. Journal of environmental management, 248: 109248.

[238] Wei Z. J. , Yi Y. X. , Fu C. Y. , 2019. Cournot competition and "green" innovation under efficiency-improving learning by doing, Physi-

ca A. , 531 (10), Article 121762.

[239] Williams R. C. III, 2017. Environmental taxation. In: Auerbach A. J. Smetters K. (Eds.), The Economics of Tax Policy. Oxford University Press, Oxford, UK.

[240] Xepapadeas A. , 1992. Environmental policy design and dynamic non-point source pollution. J Env. Econ. Manag. 23: 22 – 39.

[241] Yang C. H. , Tseng Y. H. , Chen C. P. , 2012. Environmental regulations, induced R&D, and productivity: evidence from Taiwan's manufacturing industries [J]. Resources and energy economics, 34 (4): 514 – 532.

[242] Yang D. X. , Nie P. Y. , 2017. Influence of optimal government subsidies for renewable energy enterprises. IET Renewable Power Generation, 10 (9): 1413 – 1421.

[243] Yeung D. W. , Petrosyan L. A. , 2008. A cooperative stochastic differential game of transboundary industrial pollution. Automatica, 44 (6): 1532 – 1544.

[244] Yi Y. X, Wei Z. J. , Fu C. Y. , 2020. An optimal combination of emissions tax and green innovation subsidies for polluting oligopolies [J]. Journal of cleaner production, (11): 124693.

[245] Yuan B. , Xiang Q. , 2018. Environmental regulation, industrial innovation and green development of Chinese manufacturing: Based on an extended CDM model [J]. Journal of cleaner production, 176 (3): 895 – 908.

[246] Yuan B. L. , Ren S. G. , Chen X. H. , 2017. Can environmental regulation promote the coordinated development of economy and environment in China's manufacturing industry? —A panel data analysis of 28 subsectors [J]. Journal of cleaner production, 149: 11 – 24.

[247] Zhang G. , Zhang P. , Zhang Z. G. , Li J. , 2019a. Impact of environmental regulations on industrial structure upgrading: an empirical study on Beijing-Tianjin-Hebei region in China [J]. Journal of cleaner production, 238: 117848.

[248] Zhang M. , Liu X. , Ding Y. , Wang W. , 2019b. How does environmental regulation affect haze pollution governance? an empirical test based on Chinese provincial panel data [J]. Science of the Total Environment, 695: 133905.

[249] Zhao X. , Sun B. W. , 2016. The influence of Chinese environmental regulation on corporation innovation and competitiveness [J]. Journal of cleaner production, 112 (1): 1528 – 1536.

[250] Zhong jun Wei, Yongxi Yi, Chunyan Fu. , 2019. Cournot competition and "green" innovation under efficiency-improving learning by doing, Physica A: Statistical Mechanics and its Applications, 531 (10), Article 121762.

[251] Zhou X. X. , Feng C. , 2017. The impact of environmental regulation on fossil energy consumption in China: direct and indirect effects [J]. Journal of cleaner production, 142: 3174 – 3183.

[252] Zhou X. Y. , Zhang J. , Li J. P. , 2013. Industrial structural transformation and carbon dioxide emissions in China [J]. Energy Policy, 57: 43 – 51.

[253] Zhou Y. J. , Ye, X. , 2019. Differential game model of joint e-mission reduction strategies and contract design in a dual-channel supply chain. J. Clean. Prod, 190: 592 – 670.

[254] Zucman G. , 2014. Taxing across borders: tracking personal wealth and corporate profits. J. Econ. Perspect. 28 (4): 121 – 148.